D1677744

OEST · KNOBLOCH

Untersuchungen über den Stand der Arbeiten
auf dem Gebiet der Thematischen Kartographie mit Hilfe der EDV
in der Bundesrepublik Deutschland, im europäischen und
außereuropäischen Raum

VERÖFFENTLICHUNGEN
DER AKADEMIE FÜR RAUMFORSCHUNG UND LANDESPLANUNG

Abhandlungen
Band 72

Untersuchungen zu Arbeiten aus der Thematischen Kartographie mit Hilfe der EDV

von

KURT OEST · PETER KNOBLOCH

HERMANN SCHROEDEL VERLAG KG · HANNOVER · 1974

Zu den Autoren dieses Bandes

Kurt Oest, Dr. rer. nat., 52, Dipl.-Landwirt, Ltd. Verwaltungsdirektor in der Datenzentrale Schleswig-Holstein, Korrespondierendes Mitglied der Akademie für Raumforschung und Landesplanung.

Peter Knobloch, 33, Dipl.-Volkswirt in der Datenzentrale Schleswig-Holstein.

Mit Wirkung vom 1. 6. 1974 hat die Hermann Schroedel KG Hannover den Verlag der Veröffentlichungen der Akademie für Raumforschung und Landesplanung übernommen.

Best.-Nr. 91500

ISBN 3-507-91500-6

Gliederung

Einleitung

    Anlaß für die Untersuchungen
    Vergleichbare Arbeiten im In- und Ausland
    Durchführung und Beschränkung der Untersuchungen

EDV - Einsatz in der thematischen Kartographie

    Vorbereitende Arbeiten
    Allgemeine Untersuchungen über den EDV - Einsatz
    in der thematischen Kartographie
    Schnelldruckeranwendungen
    Anwendung automatischer Zeichengeräte (Plotter)
    Anwendung sonstiger Geräte
    Kartographische EDV - Systeme und Datenbanken
    Neue kartographische Formen
    Grenzen des EDV - Einsatzes in der thematischen
    Kartographie

Zusammenarbeit und Koordination

Zusammenfassung

Bibliographie

    Bibliographie mit Inhaltsangabe
    Bibliographie ohne Inhaltsangabe
    Randgebiete

Einleitung

Anlaß für die Untersuchungen

Auf der Sitzung des Forschungsausschusses "Thematische
Kartographie", des derzeitigen Arbeitskreises "Thematische
Kartographie und EDV" am 9. und 10. Oktober 1972 in Neustadt
wurde beschlossen, die zukünftigen Forschungen und Diskussionen in den nächsten Jahren auf den Einsatz der elektronischen Datenverarbeitung (bzw. die Automation[+]) zu konzen-
trieren. Es schien daher sinnvoll zu sein, eine Untersuchung
über den gegenwärtigen Stand der Arbeiten auf dem Gebiet der
thematischen Kartographie mit Hilfe der EDV durchzuführen.

Vergleichbare Arbeiten im In- und Ausland

Soweit bisher festgestellt werden konnte, sind in etwa ver-
gleichbare Arbeiten von Arnberger und Söllner[2++], Meine[96],
Peucker[126] und Taylor[150] durchgeführt worden. In fast allen
genannten bibliographischen Arbeiten wird die Automation bzw.
der EDV-Einsatz in der gesamten Kartographie behandelt. Nur
Meine hat eine sachliche Gruppierung vorgenommen und die thematische Kartographie dabei herausgestellt. Arnberger und
Söllner haben ihre Arbeit auf die thematische Kartographie
und auf einige Randgebiete beschränkt.

Der Versuch einer inhaltlichen Beschreibung der aufgeführten
Arbeiten ist nur von Peucker teilweise unternommen worden.
Nach eigenen Angaben handelt es sich bei seiner Bibliographie,
die etwa 1000 Titel aus dem Gesamtgebiet Computer-Graphics umfaßt, um eine reine Arbeitsbibliographie für die Durchführung

---

[+] In den untersuchten Arbeiten wird nicht immer eine klare
Trennung der Begriffe EDV und Automation vorgenommen. Die
unterschiedliche Bedeutung soll daher auch in diesem Bericht
nicht streng beachtet werden (vgl. Imhof[74], S. 8.)

[++] Die Ziffer gibt die laufende Nummer an, unter der die entsprechende Veröffentlichung des Autors in der Bibliographie
zu finden ist.

von Forschungs- und Lehraufgaben, die überwiegend von Studenten aufgestellt wurde und ursprünglich nicht zur Veröffentlichung bestimmt war.

Durchführung und Beschränkung der Untersuchungen

Die Untersuchungen wurden mit einem Rundschreiben an 144 Institutionen, Wissenschaftler und Praktiker in aller Welt eingeleitet. Die Rücklaufquote betrug insgesamt 60 %, aus der Bundesrepublik Deutschland 80 %, dem westlichen Europa 44 %, dem westlichen Außereuropa 56 % - und aus den Ostblockländern 36 %. In der Regel wurde nicht nur freundlich geantwortet, sondern viel Schrifttum geschickt.

Ziel der eigenen Arbeit ist es, die inzwischen recht umfangreiche Literatur über den gegenwärtigen Stand des EDV-Einsatzes in der thematischen Kartographie bibliographisch zu erfassen und einem weiteren Kreis zugänglich zu machen. Um dem interessierten Leser den Zugang zu dieser Materie zu erleichtern, ist es erforderlich, über die rein bibliographischen Angaben hinaus kurz den jeweils behandelten Problemkreis wiederzugeben, denn oftmals sind Titel von Veröffentlichungen nicht aussagefähig genug. Mit Hilfe der erarbeiteten Inhaltsangabe soll ein gezieltes Literaturstudium ermöglicht werden.

Die Arbeit wurde zunächst grundsätzlich auf Beiträge zur Themakartographie beschränkt. Sogenannte Randgebiete wurden nur aufgenommen, wenn vermutet werden konnte, daß die betreffenden Ausführungen oder Verfahren auf die thematische Kartographie übertragen werden können; außerdem konnten Randgebiete wegen ihrer Vielzahl nur zufällig aufgenommen werden.

Da der gegenwärtige Entwicklungsstand erfaßt werden soll, wurden nur jüngere Veröffentlichungen aufgenommen, in der Regel ab 1968.

Daß die vorliegende Arbeit keinen Anspruch auf Vollständigkeit erheben kann, ist offensichtlich. Dies ergibt sich schon allein aus der Schwierigkeit des Zugriffs zu vielen Quellen, insbesondere was die Literatur der Ostblockstaaten angeht. Außerdem gestattete die nebenberufliche Bearbeitung des Forschungsauftrages sowie die zeitliche und finanzielle Beschränkung nur die Auswertung der übersandten und der in Kieler Bibliotheken vorhandenen Literatur.

Aus arbeitsökonomischen Gründen wurden, soweit von den jeweiligen Autoren aussagekräftige Zusammenfassungen vorliegen, diese möglichst ohne Änderungen übernommen, in den übrigen Fällen wurden kurze Inhaltsangaben der betreffenden Arbeit erstellt. Daraus ergibt sich auch eine gewisse Uneinheitlichkeit der Darstellung sowie - was den Umfang der Inhaltsangaben betrifft - eine nicht immer zutreffende Gewichtung der erfaßten Arbeiten.

Es wäre also zu überlegen, ob die Untersuchungen fortgesetzt und auf die noch nicht ausgewertete Literatur in den einschlägig orientierten Bibliotheken der BRD ausgeweitet werden sollten. In diesem Schlußbericht werden ca. 200 Arbeiten inhaltlich dargestellt, wovon ca. 28 Arbeiten zu den Randgebieten zu zählen sind. Für ca. 190 aufgeführte Titel steht die Bearbeitung noch aus. Darüber hinaus sind zahlreiche weitere Berichte und Untersuchungsergebnisse nach Redaktionsschluß bekannt geworden bzw. bei den Verfassern eingegangen.

Von den erreichbaren Arbeiten wurden neben deutschen Untersuchungen Berichte in englischer, französischer, schwedischer, norwegischer, dänischer und holländischer Fassung ausgewertet. Zahlreiche, in russischer Sprache abgefaßte Arbeiten konnten bisher wegen unzureichender Russisch-Kenntnisse nicht bearbeitet werden. Firmenprospekte blieben grundsätzlich unberücksichtigt.

Die Verfasser sind sich der Schwierigkeit bewußt, über die Fülle des vorliegenden Materials, die Vielzahl der in den

verschiedenen Arbeiten hervorgehobenen Aspekte und die aufgezeigten Lösungsmöglichkeiten in übersichtlicher Form zu
berichten, ohne der Gefahr zu erliegen, von Vielem wenig oder
von Wenigem viel zu bringen.

Es erscheint den Verfassern jedoch sinnvoll, in diesem Bericht
besonders die oben schon erwähnte Vielzahl der Personen und
Institutionen, die sich mit dem in Rede stehenden Gebiet beschäftigen, hervorzuheben, mögliche Lösungen und Ansätze zu
betonen und auf die Darstellung von Details zu verzichten.

Daraus ergibt sich auch die Gliederung der vorliegenden Arbeit.
Mit dem Textteil soll eine Zusammenschau der wichtigsten Arbeiten gegeben werden, wobei gleiche Problemkreise in sachli-
chem Zusammenhang dargestellt werden. Deshalb wurden auch Wie-
derholungen in Kauf genommen. Auf eine Wertung der einzelnen
Arbeiten wurde allerdings bewußt verzichtet. Die Bibliographie
wurde in ausgewertete und nicht ausgewertete Arbeiten sowie
Randgebiete unterteilt und - da auf ein kompliziertes, sachbe-
zogenes Erschließungssystem verzichtet werden sollte - alpha-
betisch nach Autoren geordnet.

EDV-Einsatz in der thematischen Kartographie

Vorbereitende Arbeiten

Zu den vorbereitenden Arbeiten bzw. zu dem Vorbereitungsprozeß
bei der Herstellung thematischer Karten kann man nach Clauß[29]
alle Teilprozesse und Arbeitsgänge zusammenfassen, deren Ziel
es ist, die Eingangsinformationen für die Herstellung thematischer Karten zu beschaffen, auszuwählen sowie inhaltlich und
kartographisch aufzubereiten; außerdem die Prinzipien, Methoden
und Regeln für die Umsetzung der Eingangsinformationen in das
kartographische Zeichensystem festzulegen.

Mit diesen Arbeitsgängen vor der eigentlichen Fertigung von
thematischen Karten haben sich zahlreiche Autoren befaßt.
Es werden jedoch in den vorliegenden Untersuchungen nur Teil-
bereiche der vorbereitenden kartographischen Arbeiten unabhängig
voneinander behandelt.

So haben Schütt und Scharfetter[139] ein Verfahren beschrieben,
mit dem die Koordinatenerfassung über ein Koordinatenerfassungs-
gerät (Digitizer) durchgeführt werden kann.

Agarwal und Boyle[1] beschreiben ein spezielles Verfahren, mit
dem durch Verwendung einer langsamen Spezialkamera die automatische Digitalisierung numerischer Lotungsdaten aus Navigations-
karten erreicht wird.

Landnutzungskarten und entsprechende Statistiken gewinnen
nach Brassel[25] und Trachsler[163] als Planungsunterlagen oder
als Basis für wissenschaftlich-geographische Untersuchungen
immer mehr an Bedeutung. Da die konventionellen Kartierungsmethoden für solche Zwecke meistens zu langsam und aufwendig sind,
schlagen die Autoren die Anwendung von Stichprobenmethoden
mit Unterstützung durch EDV-Anlagen vor, um derartige Unterlagen
schneller und billiger bereitzustellen.

Tost[161, 162] hat in seinem Bericht numerische Methoden zur
Datenreduktion digitalisierter Linienelemente auf DV-Anlagen,
die Verwendung platzsparender Speicherungsmethoden und den
Einsatz interaktiver Methoden u. a. an den Problemen Datenkorrektur und Datenreduktion untersucht.

Jenks[75] befaßt sich mit der These, daß statistische Verteilungen in drei Dimensionen gedacht werden sollen und daß, falls
dies geschieht, die choroplethischen Generalisierungen die
Angaben genauer darstellen würden.

Die Anwendung der von Jenks erarbeiteten Konzepte ergibt
choroplethische Karten, die der volumetrisch geographischen
Verteilung, die kartographisch dargestellt wird, sehr nahe
kommen. Diese Verfahren ermöglichen eine logische, wiederholbare Methode bei der Behandlung statistischer Verteilungen;
außerdem sind sie für die Kartenherstellung mit Hilfe von
Rechenautomaten geeignet.

Kishimoto[85] und Schönebeck[138] liefern Beiträge zur Klassenbildung in statistischer Kartographie, Schönebeck darüber
hinaus z.B. zur Rangkorrelation und Typisierung.

Kilchenmann[81,82] stellt die Möglichkeiten dar, die mit Hilfe
von statistischen Methoden, wie Faktorenanalyse, Distanzgruppierung und Trennverfahren (Diskriminanzanalyse) zur
Datenaufbereitung vor der kartographischen Bearbeitung gegeben
sind.

Auch Gantenbein[60] untersucht vor der Herstellung einer Computerkarte mittels Faktorenanalyse die Zusammenhänge zwischen
Arbeitsplatzstruktur, Bevölkerungsstruktur und Bevölkerungsbewegungen.

Bertin[12] behandelt in einem Aufsatz die graphische Behandlung
von Informationen vor der Darstellung auf thematischen Karten
und stellt die graphische Methode der "visuell ordnungsfähigen

Matrizen" vor, die auf den visuellen Fähigkeiten der Integration und Vereinfachung beruht.

Ogrissek[120] hat sich mit dem Einsatz der Netzplantechnik für die Abwicklung komplizierter kartographischer Arbeiten beschäftigt und u. a. darauf hingewiesen, daß zu Beginn der Arbeiten die Aufstellung einer Liste aller Aktivitäten stehen muß. Daraus ergibt sich dann zwangsläufig der Umfang des Netzplans. In der Kartographie bedeutet dies, daß bereits zu diesem Zeitpunkt Klarheit über die anzuwendende Rahmentechnologie herrschen muß. So weist auch Imhof[74] darauf hin, daß Programmierung, elektronische Datenberechnung und Datensortierung nur durchgeführt werden können, wenn die thematischen (geographischen, statistischen usw.) Probleme zuvor geprüft, logisch und eindeutig bis in alle Einzelheiten durchdacht worden sind.

Oest[119] hat sich mit den bei der Einführung der EDV üblichen Analyseverfahren, d.h. mit dem Einsatz der Gliederungs-, Entscheidungstabellen- und Ablaufdiagrammtechnik befaßt und auf Rationalisierungsmöglichkeiten bei kartographischen Arbeiten hingewiesen.

Allgemeine Untersuchungen über den EDV-Einsatz in der thematischen Kartographie

Die Zahl der allgemein gehaltenen Darstellungen, Aufsätze und Untersuchungsberichte über die Einsatzmöglichkeiten der EDV (Soft- und Hardware) in der thematischen Kartographie ist groß.

Bertin[13] diskutiert z.B. die Frage, wie sich die Kartographie die elektronische Datenverarbeitung nutzbar machen kann.

Taylor[151] gibt einen umfassenden Überblick über die Entwicklung der Computerkartographie seit der Entwicklung der ersten Programme im Jahre 1962. Er beschreibt ausführlich den zu beob-

achtenden Fortschritt seit dieser Zeit und geht auf die erfor-
derlichen Geräte zur Erstellung von Computerkarten ein. Breiten
Raum nimmt die Beschreibung der Programme zur Herstellung von
Computerkarten ein, die in den Vereinigten Staaten, Kanada,
Schweden, Großbritannien und anderen Ländern entwickelt wurden.

Berry und Marble[11] beschäftigen sich ganz allgemein mit dem
Problem der Quantifizierung in der Geographie, insbesondere
mit der geographischen Anwendung statistischer Methoden für
die räumliche Analyse und mit der Fertigung von Computer-Karten.

Der Ergebnisbericht über ein P.T.R.C. + DATUM-Symposium[36] enthält eine Reihe von Beiträgen über Informationssysteme für die
öffentliche Verwaltung, die zum Teil eine kartographische Ausgabe vorsehen.

Tomlinson[160] berichtet, daß im Jahre 1971 in 5 Arbeitsgruppen
(mit 70 Personen aus 11 Ländern) ein Überblick über den gegenwärtigen Stand der Datengewinnung, Datenspeicherung, Analyse
und Ausgabe geographischer und Umweltdaten geschaffen wurde.

Einen allgemeinen, ebenfalls weltweiten Überblick über die
wichtigsten Schritte bei der automatischen Herstellung von
Kartenentwürfen, insbesondere von thematischen Darstellungen,
gibt Hoffmann[70]. In ähnlicher Ausführlichkeit geht Imhof[74] auf
die Kartenherstellung mit Hilfe der EDV ein. Wie andere Autoren
weist er darauf hin, daß "Automation" und "Elektronik" nicht
gleichbedeutend sind, daß "Elektronik" zwar an vielen Automa-
tionsvorgängen beteiligt ist, "Automation" jedoch ein umfassen-
derer Begriff ist, zu dem auch Vorgänge und Hilfsmittel nicht-
elektronischer Art gehören.

Einen umfangreichen und aufschlußreichen Bericht über Ziele
und Aufgaben sowie über die heutigen Möglichkeiten und Systeme
liefert Christ[28], während sich Müller[107] mit den instrumentellen Voraussetzungen und Meynen[103] u.a. mit den Kosten für die

Automation in der Kartographie beschäftigen. Dabei weist
Meynen darauf hin, daß mit den derzeitigen automatischen
Zeichenverfahren noch keine neuen Ausdrucksformen kartographischer Aussagen erarbeitet worden sind. Möglicherweise werden die bisherigen Verfahren zu einer stärkeren Beschränkung
auf bestimmte Ausdrucksformen führen (vgl. Witt[172]).

Töpfer[155,157] versucht, in allgemeiner Form die Hauptrichtungen der Automatisierung der Kartenherstellung zu umreißen und
die prinzipiellen Lösungswege zu erläutern sowie auf die engen
Beziehungen der Kartographie zur Geodäsie und vor allem zur
Photogrammetrie hinzuweisen.

Mit derartigen Einsatzmöglichkeiten beschäftigt sich auch
eine Studie des US-Bureau of Census[165], in der u. a. ein
umfangreicher Test von automatischen Kartographieprogrammen
und -geräten beschrieben wird.

Bosmann, Eckhart und Kubik[20] berichten über die bisherige Anwendung der automatischen Kartenherstellung in 16 niederlän-
dischen Organisationen, Linders[91] über den EDV-Einsatz bei der
Vermessungs- und Kartenabteilung des Department of Energy,
Mines and Resources in Kanada und Oest[118] über die Fertigung
von thematischen Karten mit Hilfe der elektronischen Datenverarbeitung in Schweden.

Witt[172] zeigt die fast unübersehbaren neuen Möglichkeiten auf,
die mit den elektronisch gesteuerten Zeichengeräten gegeben
sind, betont aber auch die Notwendigkeit, durch den Einsatz
der technischen Möglichkeiten zu neuen, erweiterten und vertieften Erkenntnissen vorzustoßen. An anderer Stelle erläutert
Witt[173] die Möglichkeiten für die Überwindung der Vergleichsschwierigkeiten in der Kartographie, die durch die Einführung
regelmäßiger Raster gegeben sind.

In die von Witt aufgezeigte Richtung weisen verschiedene der
hier aufgeführten Arbeiten. Beispielsweise sei v.d. Weiden[170]

erwähnt, der in seinem Bericht einführende Hinweise für die
Anwendung von Computern zur Herstellung statistisch-thematischer
Karten gibt. Er weist darauf hin, daß die meisten automatischen
Zeichengeräte auf der Grundlage des Koordinatensystems arbeiten.
Dadurch wird es möglich, die bisher ungenutzten Möglichkeiten
der Analyse geographischer Modelle mit Hilfe des Computers
durchzuführen. Zusätzlich wird es möglich, regionale Zusammen-
fassungen durchzuführen und Regionen verschiedener Strukturen
zu zeichnen.
Mit den graphischen Möglichkeiten im Hinblick auf die unterschiedlichen Anwenderwünsche befassen sich Mc Cullagh und
Sampson[92].

Boesch, Brassel und Kilchenmann[18] wählen einen neuen Weg der
Publikation und stellen die heute gegebenen Möglichkeiten, mit
Hilfe des Schnelldruckers, der automatischen Zeichengeräte und
der Elektronenstrahlröhre Karten und Filme herzustellen, in
einem Tages-Anzeiger-Magazin einer breiten Öffentlichkeit vor.

In einem umfassenden Überblick stellt Peucker[125] die Leistungsfähigkeit und die Einsatzmöglichkeiten der EDV in der Kartographie dar, was durch zahlreiche Illustrationen aus den verschiedensten Bereichen unterstützt wird. Ausgehend von den
kartographischen Grundanforderungen werden die Bezüge zur In-
formationstheorie aufgezeigt sowie Kartenanalyse und Kartenelemente behandelt.

Forschungsarbeit auf diesem Gebiet wird in konzentrierter
Form von der Experimental Cartographic Unit (ECU) am Royal
College of Art in London geleistet. So berichtet Bickmore[14]
u. a. darüber, daß die dortigen Untersuchungen durch eine Reihe
von speziellen Problemen, von der Datenverarbeitung bis zur
graphischen Darstellung in eine einzigartige, interdisziplinäre
Verfahrensweise gezwungen worden sind. In diesem Zusammenhang
hebt Rhind[130] hervor, daß es in erster Linie Aufgabe der ECU
ist, die Methoden der Computer-Kartographie sowie die Konstruk-

tion und die Laufendhaltung kartographischer Datenbanken zu
studieren.

Boesch[17] betont, daß die Geographie im besonderen Maße glücklich sein kann, heute vor allem über jene drei neuen Möglichkeiten des wissenschaftlichen Arbeitens zu verfügen, die durch
die Entwicklung der EDV gegeben sind:

1. Die Datenverarbeitung und -speicherung in "modernen Dateien",
2. die Verarbeitung der Daten im Sinne numerischer Korrelation
   und Integration sowie
3. die automatisierte Graphik (vor allem Karten).

Auch in der Bundesforschungsanstalt für Landeskunde und Raumordnung soll die Forschungstätigkeit auf dem hier behandelten
Gebiet intensiviert werden, wie Ganser, Hase und Schäfer[59]
berichten.

Hägerstrand[62] ist davon überzeugt, daß der Computer nützliche
Dinge für den Geographen und den Kartographen tun kann. Eine
einfache Tätigkeit ist die schlichte Kartenbeschreibung, entweder über den direkten Ausdruck von Zahlen oder durch Umwandlung dieser Zahlen in Symbole, wie etwa Punkte, Linien oder
schraffierte Flächen.

Wallner[168,169] weist mit Recht darauf hin, daß erst die von
Hägerstrand entwickelte und von ihm praktizierte "Koordinaten-
Methode" in Verbindung mit der EDV die Grundlage für eine effi-
ziente räumliche Planung schafft. Sie erlaubt die Ausschöpfung
aller Möglichkeiten der Verwendung statistischer Daten für numerische Planungsmethoden und beseitigt die bisherigen Schranken
in Form administrativer Grenzen, durch die bisher räumliche
und zeitliche Vergleiche sehr erschwert wurden.

Tobler[152,154] diskutiert u.a. die Frage, welche der folgenden
Schritte des kartographischen Prozesses automatisiert werden
können:

1. Erkennen, daß eine gewisse Erscheinung von Bedeutung ist.
2. Versuchen, die Erscheinung zu quantifizieren (klassifizieren, aufzählen, ordnen, Maßstab festlegen) und zu lokalisieren.
3. Überführung des terrestrischen Standortes in eine entsprechende Position auf dem Kartenblatt.
4. Zuweisung von eindeutigen Symbolen zur untersuchten Erscheinung, die optisch repräsentativ für die untersuchte Erscheinung sein soll.
5. Plazierung der Symbole an den "richtigen Ort" in der Karte.

Bisher sind - nach Toblers Meinung - lediglich die Schritte 2, 3 und 5 automatisiert. Die Schritte 1 und 4 sind gar nicht bzw. nur sehr schwer zu automatisieren.

Um die Entwicklung auf dem Gebiet der Automation in der Kartographie zu fördern, hat die Deutsche Forschungsgemeinschaft im Januar 1973 eine Sachbeihilfe für ein Hardware-System bewilligt, das im Institut für Angewandte Geodäsie (IFAG) aufgestellt werden soll (Johannsen[76]).

Mit den Einsatzmöglichkeiten der Computer-Kartographie für die verschiedenen Ebenen der Planung und den Städtebau befassen sich zahlreiche Autoren. Während Fehl[51,52] einen umfassenden Bericht über die vorhandene Hard- und Software sowie die damit gegebenen Hilfsmittel für Planer und Architekten präsentiert, weist Migneron[105] u.a. auf die Bedeutung dieses "Werkzeugs" für die Analyse im Städtebau hin, vor allem für die "Verarbeitung" der Daten aus Großzählungen. Witt[171-173] zeigt die aus der Weiterentwicklung der EDV zu erwartenden Änderungen in der technischen Grundlagenbearbeitung und die Notwendigkeit einer weiteren Zusammenarbeit zwischen wissenschaftlicher und angewandter Geographie, thematischer Kartographie und praktischer Landesplanung auf.

In einer Studie der "Experimental Cartographic Unit"[45] werden
die Vorteile der computergesteuerten graphischen und kartographischen Darstellungsmethoden von Planungsdaten entsprechend
den verfügbaren Geräten und Techniken untersucht. Dabei werden
Vergleiche zwischen automatischen und traditionellen Verfahren
durchgeführt.

Den prinzipiellen Möglichkeiten der Anwendung von EDV-Anlagen
und Modellen für Städtebau und Architektur stehen nach Stempell[148] gegenwärtig noch eine Reihe von Problemen gegenüber,
die in

- ungenügender Aufbereitung der Aufgaben,
- fehlender Kennzahlenarbeit,
- ungenügender Sammlung verwertbarer Eingabedaten,
- dem Fehlen vor- und nachgeordneter Modelle,
- Zuständigkeitsschwierigkeiten u.a.

begründet sind.

Resing und Wood[128] beschreiben am Beispiel West Midlands Art
und Eigenschaften einer Städteballung mit Hilfe kartographischer
Methoden. Sie demonstrieren auf eindrucksvolle Weise, wie mittels Computer-Kartographie eine rasche Darstellung von planungsrelevanten Informationen erreicht werden kann.

Im Institut für Orts-, Regional- und Landesplanung der Eidgenössischen Technischen Hochschule Zürich wird ein Informationssystem für die Raumplanung aufgebaut, in dem als Ausgabegeräte neben Schnelldruckern auch Plotter vorgesehen sind
(Lendi[90]). Am Beispiel einer Regionenabgrenzung demonstriert
Mettler[98] den Einsatz des Programms THEMAP. Dieses Programm
verarbeitet Daten punktbezogener Mengen, z.B. Einwohnerzahlen,
zu thematischen Kartenentwürfen. Die Mengen werden in Diagrammform mit dem Plotter gezeichnet.

In den Berichten über die 2. Europäische Konferenz der für
die Regionalplanung verantwortlichen Minister (25. - 27.9.73,
Straßburg[33-35]) werden einleitend die Anforderungen der Regionalplaner an die thematische Kartographie herausgestellt; in
einem weiteren Abschnitt wird über den Stand der Automation
in der Kartographie für die Regionalplanung in den einzelnen
Ländern berichtet.

Folkers[54] sowie Seele und Wolf[140] schneiden in ihren Arbeiten
ein Problem an, das im Zusammenhang mit der Automation in der
thematischen Kartographie an Bedeutung gewinnen kann, nämlich
so schnell wie möglich für die großen, bisher in Karten nicht
oder unzureichend erfaßten Gebiete der Erde kartenähnliche
(wie Karten zu verwendende) Produkte zu schaffen. Während
Folkers diese Aufgabe nur allgemein in einem Bericht über die
3. Internationale Konferenz für Kartographie in Amsterdam
(1967) erwähnt, berichten Seele und Wolf über die Möglichkeiten der EDV für die thematische Kartographie und außerdem über
die Anwendung entsprechender Verfahren in Mexiko.

Im Zusammenhang mit Hardware-Fragen beschreibt Davies[37] eine
Reihe von graphischen Computertechniken, die mit kleinen Maschinen und auch sonst mit beschränkten Mitteln hergestellt
werden können, wie sie häufig in wissenschaftlichen Institutionen vorhanden sind. Hanle[63] befaßt sich mit der Lochkarte und
deren Anwendungsmöglichkeiten im geographisch-kartographischen
Arbeitsbereich und Petrie[124] mit einer Reihe von Geräten und
Verfahren zur automatischen Herstellung von thematischen Karten.

Spezielle, auf die thematische Kartographie bezogene Software-
Untersuchungen bzw. -Sammlungen scheinen nach den bisherigen
Feststellungen ebenso selten durchgeführt worden zu sein wie
für Hardware-Probleme. Einen guten Ansatz hierfür stellt jedoch
die "ARPUD-Datenbank"[3] der Abt. Raumplanung der Universität
Dortmund, Fachgebiet Stadt- und Regionalplanung dar. In einem

Abschnitt "Darstellungen" werden Kurzbeschreibungen über die
entwickelten oder gesammelten Programme für Tabellen, Graphiken und Karten gebracht und mit zahlreichen Abbildungen belegt.

Lang[89] beschreibt 36 von der Experimental Cartographic Unit
(ECU) entwickelte Programme und deren Handhabung für die
Fertigung   von thematischen Karten. Die meisten Programme
sind in FORTRAN geschrieben und werden gegenwärtig auf einem
PDP-9-Computer gefahren.

Schnelldruckeranwendungen

Programme für Schnelldrucker-Kartographie sind in der Welt
weit verbreitet und seit Jahren mit Erfolg als Entscheidungs-
hilfe verwendet worden. Wegen der verhältnismäßig geringen
Kosten und der unkomplizierten Anwendung werden sie nach Meinung der Verfasser auch noch über längere Zeit vorrangig eingesetzt werden. Mit weiter steigenden Lohnkosten und zu erwar-
tender umfangreicheren Verwendung von Karten in Planung, Wissenschaft und Verwaltung werden allerdings auch die Plotter
häufiger als bisher eingesetzt werden.

Der Einsatz des Schnelldruckers für die Fertigung von thematischen Karten ist in den vorliegenden Arbeiten daher auch so
häufig beschrieben und diskutiert worden, daß bei den folgenden
Darstellungen kein vollständiger Überblick gegeben werden kann.
Der Versuch, eine gewisse Ordnung einzuführen und die Anwendungen nach Sachgebieten zusammenzufassen, scheiterte vielfach
daran, daß in einer Arbeit über unterschiedliche Einsatzmöglichkeiten berichtet wird.

Fehl[48,49,53] stellt das Kartierprogramm SYMAP[53] und die Version
SYMAP-F vor, die an der TU Berlin aus dem bekannten SYMAP-Programm von Fisher, USA entwickelt wurde. SYMAP-F ist Teil des

Programmsystems SUPRA[50], das aus den Komponenten Datenbasis,
Relationsbasis, Operationssystem und Organisationssystem be-
steht sowie auf die speziellen Bedürfnisse der "informalen
Informationsgewinnung" in der Stadt- und Regionalplanung aus-
gerichtet ist. Dieses System wurde u. a. von Barnbrock, Fehl,
Kreitmann und Schneider[5] im Rahmen der Informationsverarbeitung
für die Stadterneuerung am Beispiel der Stadt Lübeck ausgetestet.
Über die SYMAP-Version 4 berichtet Robertson[132] ausführlich.
Weitere Beispiele für den Einsatz in der Stadtplanung bringt
Determann[38,39]. Teilweise werden diese Arbeiten zu Struktur-
atlanten ausgeweitet. Ein ausführliches Benutzerhandbuch, und
zwar besonders auf die Stadtplanung bezogen, hat z.B. Scheel[136]
ausgearbeitet. Diese ausführliche Anleitung enthält auch zahlreiche Hinweise für eine kleinräumige Stadtgliederung (Block-
gliederung).

Gaits[57,58] behandelt ebenfalls im Rahmen der Stadtplanung das
Programm SYMAP und außerdem das Kartierprogramm LINMAP, das von
der Abteilung Stadtplanung im britischen Ministerium für
Wohnungswesen und Kommunalverwaltung entwickelt wurde. Mit diesem Programm werden der Nutzen und die Möglichkeiten eines
Koordinatenbezugssystems für statistische Daten im geographischen Raum demonstriert. Mit LINMAP und darüber hinaus mit
dem Programm COLMAP, das die Fertigung von farbigen Schnelldruckerkarten ermöglicht, befassen sich Hackman und Willats[61].

Ausgehend von SYMAP und LINMAP berichtet Koch[86,87] über ähnliche Entwicklungen in der Sowjetunion und in der DDR. Von
Interesse sind in diesem Bericht die Entwicklungen für Kleinstrechner und mittlere EDV-Anlagen, wie sie auch von Töpfer[157]
beschrieben werden.

Brassel[24] untersucht die mit Schnelldruckerdarstellungen gegebenen Möglichkeiten, indem er einen Katalog sämtlicher Signaturkombinationen sowohl in zwei- als auch in dreifachem Übereinanderdruck erstellt. Mit Hilfe umfassender, thematisch geordneter

Signaturkataloge kann für die Darstellung eines Landelementes
eine Bildsignatur mit gewünschter Helligkeit und Form ausgewählt und so rasch eine Karte zusammengestellt werden. Außerdem
hat Brassel durch kreuzweise Anordnung farbiger Streifen von
Durchschlagpapier quadratische Farbmustertafeln hergestellt.
Sie dienen der Erprobung von Farbeffekten und helfen bei der
Auswahl der Zeichenkombinationen.

Auch Coppock[32] sowie Rase und Peucker[127], Stempell und Stier[147]
beschäftigen sich mit den Vor- und Nachteilen von Zeilendruckern.
Coppock u. a. mit der Verbesserung der Konturen mit Hilfe der
photographischen Verkleinerung, wie sie bei fast allen Veröffentlichungen angewendet wird. Mettler[102] demonstriert an einem
Beispiel die Möglichkeiten des Zeilendrucks und das Erstellen
von Histogrammen, Töpfer[156] benutzt es für die Herstellung und
Anwendung von sogenannten "Statistik-in-Raumlage-Darstellungen".

Der praktische Einsatz des SYMAP- oder entsprechender Verfahren
ist - wie bereits erwähnt - weltweit verbreitet, und zwar in
schwarz-weißer wie auch in farbiger Form. So haben z.B. die
Länder Bayern[7] und Schleswig-Holstein[106] ihre Raumordnungsbe-
richte 1971 mit farbigen Schnelldruckerkarten ausgestattet. Das
Bayerische Statistische Landesamt[8] hat darüber hinaus eine
Broschüre herausgegeben, in der statistische Daten kreisweise
in ein- und mehrfarbige Schnelldruckerkarten umgesetzt wurden.

Das Statistische Bundesamt[145,146] hat die wiederholt dargelegten
Möglichkeiten genutzt und einige Veröffentlichungen mit an-
schaulichen Schnelldruckerkarten versehen. Darüber hinaus sind
für die Schweiz[83], Kenya[73], Schottland[31] und andere Länder
mehr oder weniger umfangreiche Computer-Atlanten entstanden.

Das Schnelldruckerverfahren ist auch für wissenschaftliche
Arbeiten, wie z.B. für Untersuchungen über die Verbreitung von
Krankheiten in Afrika[93], wiederholt eingesetzt worden.

Brassel[26] hat dieses Verfahren für die automatische Schräglicht-
schattierung verwendet, indem die auf rechnerischem Wege gefundenen Helligkeitswerte mit dem Schnelldrucker dargestellt werden.

Mettler[99,100] benutzt es für Darstellungsentwürfe flächenbezogener Komponenten und von Pseudoarealkarten, Fasler[47] zur
Charakterisierung einer Siedlung in der Schweiz und Determann[143]
zur Auswertung der Handwerks- und Wohnungszählung 1968 in Stuttgart.

Die automatische Herstellung von Isolinien ist ebenfalls ein
weit verbreitetes Anwendungsgebiet für das Schnelldruckerverfahren. In diesem Zusammenhang macht Conelly[30] darauf aufmerksam,
daß die automatische Herstellung von Isolinien von einem regulären Gitternetz ausgehen muß, stellt jedoch fest, daß dieses
nur selten verfügbar ist. Die erste Aufgabe bei der automatischen Herstellung von Isolinien ist daher die Konstruktion
von regulär vernetzten Höhenpunkten. Eine der verbreitetsten
und nützlichsten Techniken dafür ist die des lokalen gewichteten
Durchschnitts. Sie wird deshalb in einer Reihe von Computerprogrammen angewendet.

Mit dem gleichen Problem beschäftigen sich Rhind und Barrett[129,
131]. In diesen Berichten werden außerdem verschiedene Programme
miteinander verglichen und ein verhältnismäßig komplexes System
beschrieben.

Furrer, Dorigo[55] und Fitze[56] wenden entsprechende Verfahren für
die Auswertung des zusammengetragenen Beobachtungsmaterials
über die Höhenlage der in den Alpen am häufigsten vertretenen
Typen der Solifluktionsformen nach statistischen Gesichtspunkten
an. Howarth[72] berichtet über ein entsprechendes FORTRAN-II-Pro-
gramm für die Graustufenkartierung von räumlichen Daten, das
für die kartographische Darstellung von geochemischen Daten für
die regionale Erkundung von Flußablagerungen entwickelt wurde,
aber auch für die Kartierung von anderen räumlich verteilten

Daten verwendet werden kann.

Kirk und Preston[84] beschreiben ebenfalls Programmentwicklungen, mit denen für Geologen mathematische Flächen in Form von Höhenlinienkarten dargestellt werden können.

Anwendung automatischer Zeichengeräte (Plotter)

Der erste kartographische Zeichenautomat wurde nach Fadiman[46] 1963 beim US Naval Oceanographic Office aufgestellt. Zur gleichen Zeit sind Koordinatenauslesesysteme (Digitizer-Systeme) entwickelt worden. Heute sind diese Möglichkeiten weltweit bekannt und die unterschiedlichsten Systeme im Einsatz bzw. in der Entwicklung.

Hoffmann[71] hält die Automatisierung des Kartenherstellungsprozesses für eine der wichtigsten Aufgaben der kartographischen Forschung im nächsten Jahrzehnt. Er berichtet über die automatisierte Darstellung quantitativer Informationen in der thematischen Kartographie u. a. mit Hilfe des Plotters und sieht einen besonderen Vorteil darin, daß innerhalb kurzer Zeit mehrere Varianten erzeugt werden können, von denen der Kartograph- der Aufgabenstellung entsprechend - die günstigste Variante auswählen kann.

Die Darstellung von Mengen (Spieß[142]) gewinnt in der thematischen Kartographie immer mehr an Bedeutung und viele Untersuchungen werden heute mit Hilfe der elektronischen Datenverarbeitung durchgeführt. Spieß beschreibt ein spezielles Programm und dessen Ausbaumöglichkeiten. Die Entwürfe könnten nach Spieß zukünftig z.B. über Magnetband direkt auf den Bildschirm projiziert und weitgehend auf dem sogenannten Redaktionspult bereinigt werden.

Dixon[41] untersucht die Choroplethen-Methode einschließlich
verschiedener vorgeschlagener Modifikationen unter besonderer
Berücksichtigung der kartographischen Darstellung der Bevölkerungsdichte sowie die dafür gegebenen Möglichkeiten der
Automatisierung.

Hebin[68] entwickelte 1967/68 im Rahmen von Feldarbeitsübungen
für Hauptfachgeographen ein Programm, mit dem eine Vielzahl
elementarer, aber sehr zeitraubender Zusammenführungen und
Berechnungen von koordinatenverbundenem Kartierungsmaterial
in Stadtuntersuchungen durchgeführt werden kann. Als Ergebnisse
sind mit Koordinaten festgelegte Flächenangaben für verschiedene
Flächenkategorien zu erwarten.

Hatlelid und Peucker[66] beschreiben ein Programm SIRKEL, das der
automatischen Herstellung von Kartogrammen dient, in denen
Kreise zur Darstellung von absoluten Werten verwendet werden.

Meynen[104] berichtet u. a. über das Arbeitsvorhaben "Entwicklung
und Erprobung eines problemorientierten Programmsystems zum
Zeichnen statistischer Karten" und geht insbesondere auf Fragen
der Organisation und der Kostengestaltung ein.

In der Bundesforschungsanstalt für Landeskunde und Raumordnung,
Bad Godesberg, wurde von Boyle und Mitarbeitern ein Computer-
kartographie-Seminar (Schäfer[134]) durchgeführt. Boyle hat u.a.
Seekarten automatisch angefertigt und dabei die Teilsysteme
Koordinantenaufnahme, Datenmanipulation und automatisches Zeich-
nen aufgebaut.

In einem geographischen Vermessungsbüro Schwedens (Ottoson[122])
steht seit 1970 ein numerisch gesteuerter, sehr präziser Tischplotter, der für geodätische, photogrammetrische und kartographische Arbeiten eingesetzt wird.

Im Kartographischen Institut der Eidgenössischen Technischen
Hochschule Zürich[79] ist ein Programm entwickelt worden, mit dem

graphische Darstellungen von punktbezogenen Mengen in Diagrammform (Stabdiagramme, Kreisscheibendiagramme, Quadrate usw.) erstellt werden können.

Kern und Rushton[80] beschreiben das Programm MAPIT, mit dem
auf einem Plotter Umriß-, Fluß- und Punktkarten sowie schattierte Karten gezeichnet werden können. Mit Hilfe einer Programmbeschreibung ist es auch EDV-ungeübten Benutzern möglich, die
genannten Karten herstellen zu lassen.

Mit Punktkarten befassen sich auch Olsson und Selander[121], und
zwar für Geodaten, worunter sie Daten verstehen, die sich auf
ein Objekt beziehen, dessen Standort direkt oder indirekt durch
Kartenkoordinaten bestimmt werden kann.

Mettler[101] hat in seiner Diplomarbeit die Anwendungsmöglichkeiten des Programms THEMAP untersucht, das für die Darstellung
punktbezogener Mengen entwickelt wurde.

Nordbeck[110,113,114] berichtet u. a. über die Fertigung von Ver-
teilungskarten mit Hilfe von Adressen, Grundstücksbezeichnungen
usw. Um die aufwendige Arbeit der Lagebestimmung zu rationali-
sieren, benutzte man die Grundstückskoordinaten der neuen Wirt-
schaftskarte 1 : 10.000. Der Verfasser beschreibt im weiteren
die mit Hilfe der koordinatengebundenen Daten erzeugten Raster-,
Punkt- und Isarithmenkarten sowie die hieraus entwickelten dreidimensionalen Diagramme.

Über einen besonderen Einsatz von automatischen Zeichengeräten
schreibt Voss[166,167], und zwar über die Erstellung einer Forstbetriebskarte auf der Grundlage von Luftbildkarten im Maßstab
1 : 5.000 (Orthophoto).

Das Projekt der Canada Land Inventory (Johnsten und Roberts[77]),
das einen großen Teil Kanadas umfaßt, wurde Anfang der 60er
Jahre ins Leben gerufen. Mit diesem Programm soll die Eignung

der Landfläche für Landwirtschaft, Forstwirtschaft, Erholung
und Naturreservate festgestellt werden.

Nordbeck[111] entwickelte eine Reihe von Programmen für die automatische Abgrenzung von Verdichtungsgebieten, die auch für andere
Zwecke verwendet werden können.

Mit der Fertigung von hydrographischen Karten befassen sich
die Aufsätze von Bateman[6] und Boyle[21]. Die Produktion einer
vielfarbigen geologischen Karte ist Inhalt einer Abhandlung von
Bickmore und Kelk[15].

Bydler und Norrman[27] beschreiben den Aufbau einer Straßendaten-
bank. Alle Angaben werden durch geographische Koordinaten lokalisiert. Das Straßennetz kann - auch auszugsweise - mit einem
automatischen Zeichengerät gezeichnet werden.

Nordbeck und Rystedt[115] stellen in einer weiteren Arbeit ein
Verfahren zur Bestimmung der kürzesten Entfernung zwischen
zwei Punkten (Knoten) in einem gegebenen Straßennetz mit Hilfe
des Computers vor. Außerdem haben die genannten Autoren[116] unter
Verwendung der in Schweden für jedes Grundstück gespeicherten
Grundstückskoordinaten ein Verfahren entwickelt, mit dem einfache Quadratrasterkarten produziert oder geprüft werden können.

Die Fertigung von Isolinien-Karten mit Hilfe automatischer
Zeichengeräte ist ebenso weit verbreitet wie die entsprechende
Anfertigung auf Schnelldruckern. Die hiermit verbundenen Pro-
bleme und vorhandenen Möglichkeiten werden in zahlreichen
Arbeiten untersucht und dargestellt[9,67,94,108,112,117,149].

Anwendung sonstiger Geräte

Über die Entwicklung und Anwendung weiterer EDV-Geräte wird
ebenfalls aus verschiedenen Ländern berichtet. So schreibt
Neumann[109], daß für die Speicherung und Systematisierung graphischer Informationen (Druckvorlagen, kartographische Originale,
Karten usw.) in der Weltkartographie immer mehr automatisierte
Prozesse angewendet werden, die auf Digitalform umgewandelte
graphische Informationen verwenden. In diesem Zusammenhang weist
Neumann auf die Verwendung von Bildschirmen und auf die Mikrofilm-
technik hin. Von Peucker[125] und dem US-Bureau of Census[165], die
bereits in anderem Zusammenhang erwähnt wurden, wird entsprechend
berichtet.

Krakau[88] behandelt in seinem Aufsatz den plazierten Lichtsatz von
Säulendiagrammen und Schrift auf der LINOTRON 505. Als Ergebnis
liegt eine erste Karte der DDR im Maßstab 1 : 750.000 vor, deren
Thema auf die Kreise der DDR bezogen ist. Der grundlegende Gedanke zum Einsatz der LINOTRON 505 in der thematischen Kartographie
stützt sich auf die Möglichkeit, den Filmvorschub als "Tiefwert"
und den Querlauf des Wanderobjektivs als "Rechtswert" in einem
rechtwinkligen Koordinatensystem zu definieren.

Rhind[130] beschreibt als neueste Entwicklung einen Lichtpunktprojektor mit einer rotierenden auswechselbaren Scheibe (48 Symbole),
mit dem Punkt- und Linienelemente erzeugt werden können.

Eine Lichtzeicheneinrichtung, die 1972 bei der Deutschen Bundesbahn installiert wurde, und das Prinzip des Lichtzeichnens auf
Film mittels einer Symbolscheibe wird auch von Pauletzki[123] beschrieben. Von besonderer Bedeutung sind dabei die durchgeführten
Wirtschaftlichkeitsberechnungen.

Nach Tobler[153] ist es technisch möglich, kontinuierliche Grauschattierungen mit automatischen Zeichengeräten herzustellen. Es
ist somit nicht länger notwendig, daß der Kartograph die darzustellenden Daten zu Datenklassen zusammenfaßt. Dadurch können
Rechenfehler bei der Klassenbildung ausgeschlossen werden.

Auch Meineke[97] berichtet über die Entwicklung eines neuartigen
Rasterplotters. Der Rasterplotter läßt sich auch für Zwecke der
automatischen Kartographie benutzen, und zwar besonders vorteilhaft
bei hoher Dichte der darzustellenden Information und - im Gegensatz zu traditionellen Plottern - auch für Flächendarstellungen
in verschiedenen Grautönen.

Kartographische EDV-Systeme und Datenbanken

In zahlreichen Institutionen der Welt haben die Arbeiten
auf dem Gebiet der thematischen Kartographie mit Hilfe der
EDV auf dem Wege zum Aufbau von automatisch-kartographischen
Systemen bereits heute einen hohen Stand erreicht. Auf einen
entsprechenden Bericht von Fehl[50] wurde bei den Schnelldrucker-
anwendungen bereits hingewiesen. Das von Lendi[90] beschriebene
Informationsraster ist ebenfalls an dieser Stelle zu erwähnen.

Kadmon[78] beschreibt das Kartierungssystem KOMPLOT und dessen
Anwendbarkeit auf geographische Probleme, die über die Kartographie hinausgehen. Die in diesem System enthaltenen Programme
sind so geschrieben, daß unbearbeitete Statistiken, wie sie
von Geographen gesammelt werden, durch die Programme verarbeitet und direkt in Graphiken umgesetzt werden.

Tomlinson[158,159] berichtet über ein Treffen von 48 Experten
aus 9 Ländern zu einem ersten Symposium über geographische
Informationssysteme. In Kurzbeschreibungen werden zahlreiche
Systeme vorgestellt sowie ein Überblick über die Möglichkeiten
und Probleme der Eingabe von Umweltdaten, deren Verarbeitung
und Darstellung gegeben.

Bolli[19] hat ein Programmsystem konzipiert, das die Datenvorbereitung, die Datenmanipulation, das interaktive Entwerfen sowie
das Reinzeichnen von thematischen Karten erlaubt.

Ebenso geben Eckhart und Kubik[42] einen Überblick über ein integriertes Programmsystem für die digitale Kartographie (AUDIMAP),
das in den verschiedensten Institutionen Hollands angewendet
wird. Die Anwendung des Systems umfaßt die Kartenherstellung
von Luftbildern, die Vermessung des Kontinentalschelfs, die
Vorbereitung von Bodenkarten sowie die Anfertigung von thematischen Karten für die Sozialwissenschaften und die Wirtschaftsgeographie. Auch Petrie[124] beschreibt in seinem bereits er-
wähnten Bericht integrierte Systeme.

Das von Diello, Kirk und Callander[40] vorgestellte "Automatische
Kartographie-System (ACS)" umfaßt:

a) möglichst weitgehende Mechanisierung unter
   Computerkontrolle

b) ein System von Computerprogrammen für dieses
   mechanisierte System

c) die Anwendung von methodischen, wissenschaftlich
   begründeten Regeln und Verfahren, welche letztlich
   zur Entwicklung einer kartographischen Datenbasis führen, die optimal für die Maschinenver-
   arbeitung geeignet ist.

Hirschsohn[69] berichtet über ein flexibles und erweiterbares,
hardware-unabhängiges Software-System, das entwickelt wurde,
um die Ausgabe von Daten so einfach wie möglich zu machen.
Von der Universität Saskatchewan[164] wurde ein computerunter-
stütztes Kartenkompilationssystem entwickelt, das die rasche
Prüfung und Löschung, Erweiterung und Modifikation von kartographischen Daten ermöglicht.

Schlager[137] weist darauf hin, daß bei der Automatisierung
der Kartenproduktion und der dazugehörigen Verfahren die
Gebiete der Datenbehandlung, Originalherstellung und Farbtrennung insbesondere beim Aufbau kartographischer EDV-Systeme
als ein zusammenhängender Produktionszyklus betrachtet werden
müssen.

Nach Bickmore[15] ist die automatisierte Kartographie als ein
erster Schritt auf dem Wege zum Aufbau kartographischer Datenbanken zu betrachten. Die kartographische Datenbank ist mehr
als nur ein Regal voll einzelner Magnetbänder der topographischen oder geologischen Gegebenheiten oder der Landnutzung
eines Gebietes. Sie ist der Versuch, Beziehungen zwischen den
Datensammlungen der einzelnen Wissensgebiete herzustellen.
Eine solche Wechselbeziehung verlangt interaktive Kartographie

mit freiem Zugriff auf Magnetplatten und Speicherstrukturen,
die auf Fragen vorbereitet sind, welche man vernünftigerweise
erwarten kann und die ausführlich und in Mikrosekunden beantwortet werden können (vgl. Rhind[130]S. 10).

Boyle[22] stellt fest, daß die automatische Kartographie ganz
von der Existenz von Datenbanken abhängt, ohne die die Automation kaum als rentabel angesehen werden kann. Obwohl die Sammlung von Daten aus vorhandenen Karten (Digitalisierung) ein
sorgfältig untersuchtes und teilweise gelöstes Problem ist,
ist die Errichtung von Datenbanken aus dreierlei Gründen ein
noch unberührtes Gebiet: Es handelt sich um ein schwer zu defi-
nierendes System, ferner ist die Anzahl der verfügbaren Daten
noch nicht ausreichend, und schließlich müssen Kartographen
und Computer-Fachleute einen Verständigungsbereich und eine
gemeinsame Sprache finden.

In der Universität von Saskatchewan[22] stellte man in diesem
Zusammenhang fest, daß die persönliche Rolle des Kartographen
beim Aufbau einer Datenbank sehr bedeutsam ist. Man hat sich
besonders bemüht, ein System für den "Dialog Mensch-Maschine"
zu schaffen. Dieses System wird "Computer Aided Design" genannt
und ist mit Hilfe des kanadischen hydrographischen Dienstes
entwickelt worden.

Neue kartographische Formen

In Einzelfällen zeichnen sich im Zusammenhang mit dem Einsatz
der EDV neue kartographische Formen ab.

So beschreibt Aumen[4] eine neue Kartenform, in der die numerische Darstellung der Karteninformation die graphische Darstellung
ersetzt. In diesem Zusammenhang ist sicher auch die beispielsweise von Witt [173] angeregte Einführung regelmäßiger Raster
anzuführen.

Außerdem ist zu vermuten, daß ein von Edson[43] beschriebenes Verfahren zur Auswertung von Fernerkundungsaufnahmen zu neuen thematisch-kartographischen Darstellungsformen führen wird.

Auf eine mögliche Renaissance der Kartographie weist auch Schäfer[135] hin (vgl. a. Meynen[103] und Witt[172]).

Grenzen des EDV-Einsatzes in der thematischen Kartographie

Die Grenzen und Gefahren des EDV-Einsatzes in der thematischen Kartographie werden u. a. von Meynen[103] und Imhof[74] aufgezeigt. Meynen weist auf die Gefahr hin, daß wir u. U. dem Zahlenspiel unterliegen. Es heißt wach zu sein und jeweils kritisch zu prüfen, inwieweit der Informationsgehalt eines Verhältniswertes oder eines Indizes noch dem Sach- und Regionalverhalt der geographischen Wirklichkeit entspricht. Eine sorgfältige Inhaltsanalyse der in eine Karte umzusetzenden Information ist und wird künftig noch mehr die unabdingbare Forderung für den Umgang mit Zahl und Karte sein.

Imhof hebt u. a. hervor, daß die oft äußerst dichten, feingliedrigen und regellosen Gefüge, die unzähligen, gegenseitigen graphischen Verdrängungen in manchen Karten für jeden Quadratzentimeter , ja oft für jeden Quadratmillimeter, eine Unsumme komplizierter und schwer definierbarer Programmierarbeit mit vielen nachträglichen Korrekturen und Verschiebungen erfordern würden, dies in einem Ausmaß, das jegliches "Voraus-Programmieren" zum Ersticken brächte.

Eine zweite Schwierigkeit liegt - nach Imhof - in der "Blindheit der Maschine". Der Programmier-Fachmann denkt zwar, aber während des Programmierens sieht er die zu schaffende Karte nicht. Graphisches oder zeichnerisches Gestalten aber setzt Komtrolle der Hand und des Auges voraus.

Das Erscheinen des "Computer-Atlasses von Kenya" (Taylor)
nehmen Hsu und Porter[73] zum Anlaß, die Schnelldruckerkartographie kritisch zu beleuchten, indem sie z.B. auf die Ungenauigkeiten hinweisen. Sie kritisieren weiterhin, daß es
wegen der Komplexität der Programme und der mathematischen
und kartographischen Wissensanforderungen für die Kartographie-
programme unwahrscheinlich ist, daß alle Geographen dieses
Verfahren beherrschen.

Zusammenarbeit und Koordination

Die von zahlreichen Autoren (vgl. z.B. Salichtchev[133], Schäfer[135]) geforderte Zusammenarbeit und Koordination beim Einsatz der EDV in der thematischen Kartographie wird national und international durch eine Reihe von Arbeitsgruppen, Kommissionen und Konferenzen geregelt, von denen hier nur die wichtigsten genannt werden sollen.

Der Arbeitskreis "Thematische Kartographie und EDV" der Akademie für Raumforschung und Landesplanung, Hannover, hat sich am 9.4.1973 konstituiert. Ziel seiner Forschungsarbeiten sollen brauchbare Ergebnisse auf dem Gebiet der thematischen Kartographie für Raumordnung und Landesplanung sowie für die übrigen Arbeitskreise der Akademie sein. Die Mitglieder dieses Arbeitskreises sind größtenteils aus dem Forschungsausschuß "Thematische Kartographie" der genannten Akademie hervorgegangen.

Beim Institut für Angewandte Geodäsie (IFAG) wurde im Auftrage des Bundesinnenministeriums und der Deutschen Geodätischen Kommission eine Planungsgruppe "Automation in der Kartographie" eingerichtet, die regelmäßig Sitzungen durchführt sowie durch Referate, Diskussionen und Veröffentlichungen zu einem Erfahrungsaustausch beiträgt.

Die Deutsche Gesellschaft für Kartographie (DGfK) hat einen Arbeitskreis "Automation" eingerichtet, der die Entwicklungen auf dem Gebiet der Automation in der Kartographie verfolgt, diskutiert und mit den entsprechenden internationalen Gremien Kontakt hält.

Im Rahmen der 2. Europäischen Konferenz der für die Regionalplanung verantwortlichen Minister (September 1973) in Straßburg hat die seit 1971 tätige Arbeitsgruppe "Kartographie" des Vorbereitungskomitees mit der technischen Kooperation begonnen, desgl. mit einer Analyse des Bedarfs und der Probleme

der künftigen gemeinsamen Arbeit. Der vorliegende Bericht gibt
einen Überblick über den gegenwärtigen Stand der Anwendung der
Kartographie für die Regionalplanung in den verschiedenen Ländern. Dabei wird auch auf die Notwendigkeit und die Möglichkeiten der Automation in der Kartographie eingegangen.

Die Kommission III ("Automation in der Kartographie") der Internationalen Kartographischen Vereinigung ist seit längerer Zeit
um eine Koordinierung auf diesem Sektor bemüht. Sie arbeitet
mit nationalen Vereinigungen, in der BRD mit der Deutschen Gesellschaft für Kartographie (DGfK) zusammen, die - wie oben erwähnt - ihrerseits eigene Arbeitskreise für Automation eingerichtet haben. Die Kommission beabsichtigt, ein Forschungsprojekt
auf dem Gebiet der Automation in der Kartographie auf internationaler Basis durchzuführen. Die Mitgliedsländer sind auf-
gefordert, auf der 7. Technischen Konferenz der Internationalen
Kartographischen Vereinigung in Madrid (April 1974) zu bear-
beitende Problemkreise vorzuschlagen.

Eine Koordination und Abstimmung entsprechender Arbeiten auf
nationaler Basis wird auch von zahlreichen Autoren (vgl. Folkers[54]) gefordert und in vielen Fällen durchgeführt. Eine ausführliche Darstellung würde sicher den Rahmen dieses Berichts
sprengen. Beispielhaft sei hier nur auf die wissenschaftlich-
technischen Konferenzen zu Fragen der thematischen Kartographie
in der UdSSR hingewiesen, die seit 1964 durchgeführt werden
(Stams[144]). Von jeder dieser Konferenzen wurden die Vortrags-
thesen und Sammelbände mit jeweils einer Auswahl vollständig
wiedergegebener Vorträge veröffentlicht. Sie verdeutlichen
die außerordentliche Breite der Herstellung und Anwendung
thematischer Karten und die Vielseitigkeit der Forschungs- und
Entwicklungsarbeiten im Bereich der Thema-Kartographie der UdSSR.

Zusammenfassung

In dem anläßlich der 1. Sitzung des Arbeitskreises "Thematische Kartographie und EDV" am 9.4.73 von Oest gehaltenen Referat
über "Möglichkeiten und Probleme bei der Fertigung von thematischen Karten mit Hilfe der EDV" wurden einige offene Fragen und
ungelöste Probleme aufgeworfen, die an dieser Stelle noch einmal aufgegriffen werden sollen:

1. Wie ist der Stand auf dem Gebiet der thematischen Kartographie mit Hilfe der EDV außerhalb der Bundesrepublik
   Deutschland?

2. Wo zeichnen sich sinnvolle kartographische Systeme ab?

3. Welche Arbeiten sind sinnvoll zu automatisieren und welche
   nicht?

4. Wie läßt sich der automatisch hergestellte Film (Mikrofilm)
   für die thematische Kartographie einsetzen?

5. Läßt sich die unterschiedliche Graufärbung als Schraffurersatz verwenden?

6. Welche Möglichkeiten bietet die EDV über die Übernahme
   (Nachahmung) von konventionellen Methoden hinaus an?

7. Welchen Beitrag kann die EDV für die bessere Nutzung der
   thematischen Karte als Forschungsmittel liefern?

8. Wie lassen sich inhaltliche Substanzverluste und Verschlechterungen durch den Einsatz der EDV gegenüber dem
   derzeitigen Stand der thematischen Kartographie vermeiden?

9. Wie lassen sich die EDV-Methoden für den Kartographen und
   Planer verständlicher und anwendungsfreundlicher gestalten?

10. Ist eine Umschulung der Kartographen und Planer in großem
    Umfange notwendig?

Bei dem Versuch einer Zusammenfassung ist es daher sicher sinnvoll, zu untersuchen, inwieweit sich aus den zusammengetragenen
Arbeiten bereits eine Beantwortung der Fragen bzw. eine Lösung

für die aufgezeigten Probleme ergibt.

Der Bericht dürfte dem interessierten Leser einen zwar nicht
vollständigen aber wohl vorerst ausreichenden Überblick über
den Stand der Arbeiten auf dem genannten Gebiet in und außerhalb der Bundesrepublik gegeben haben. Die in der "Bibliographie ohne Inhaltsangabe" aufgeführten Arbeiten würden diesen
Überblick sicher erheblich vervollkommnen. Es wäre daher der
Überlegung wert, ob eine Fortführung der Arbeiten und die
Laufendhaltung einer Bibliographie für die "Thematische Kartographie mit Hilfe der EDV" an einer Stelle in der Bundesrepublik Deutschland wünschenswert und von Nutzen wäre.

Bevor weitere Forschungsarbeiten über die hier interessierende
Problematik eingeleitet werden, dürfte es außerdem notwendig
sein, je nach Zielrichtung der jeweiligen Untersuchung die
wichtigsten der vorliegenden Arbeiten detailliert auszuwerten
und Kontakte mit den entsprechenden Stellen aufzunehmen bzw.
zu verstärken. Dabei sollten jedoch wegen der weltweit gleichen Problemstellungen die Ansätze für eine Koordination und
Arbeitsteilung auf nationaler und internationaler Basis von
allen Beteiligten gefördert werden.

Sinnvolle kartographische Systeme sind in den verschiedenen
Institutionen der Welt entwickelt worden. Hierüber berichten
beispielsweise Eckhart und Kubik[42] aus den Niederlanden,
Kadmon[78] aus Israel, Fehl[50] aus der BRD, Lendi[90] und Bolli[19]
aus der Schweiz, Petrie[124] aus Schottland sowie Diello, Kirk
und Callander[40] aus den USA.

In zahlreichen Untersuchungen wird auf die Frage eingegangen,
welche Arbeiten bei der Herstellung von thematischen Karten
automatisiert werden sollten und welche nicht. Hier sei nur
auf die Arbeiten von Meynen[103] und Imhof[74] hingewiesen. Auf
die Bedeutung des Mikrofilms geht u. a. Neumann[109] ein.

Als Schraffurersatz können die unterschiedlichen Zeichen-
kombinationen bei der Schnelldruckerkartographie dienen.
Hierüber wird in zahlreichen Arbeiten ausführlich berichtet.
Aber auch die stufenlose Graufärbung, die z.B. mit einem
Rasterplotter[97] erzeugt werden kann, wäre u.U. an Stelle
der aufwendigen Schraffur zu verwenden.

Nach den bisherigen Erkenntnissen wurde dagegen kaum versucht,
über die Automation der konventionellen Verfahren hinaus zu
neuen kartographischen Formen vorzustoßen (vgl. Meynen[103], S. 8
und Witt[172], S. 9). Das gleiche gilt sicher für die bessere
Nutzung der thematischen Karte als Forschungsmittel, wenn man
einmal davon absieht, daß thematische Karten mit Hilfe der
EDV sehr viel schneller in zahlreichen Varianten hergestellt
werden können.

Inhaltliche Substanzverluste und Verschlechterungen können -
abgesehen von der Schnelldruckerkartographie - mit den entwickelten Plottertechniken bereits heute vermieden werden.

Die mit Hilfe von automatischen Zeichengeräten erzeugten thematischen Karten unterscheiden sich nicht von denjenigen, für
die die Druckvorlagen manuell angefertigt wurden.

Zahlreiche Institutionen und auch z.B. die Autoren Kern und
Rushton[80] bemühen sich seit langem, die EDV-Methoden für den
Kartographen und Planer verständlicher darzustellen. Trotzdem
wird es zukünftig mehr denn je erforderlich sein, daß sich
die genannten Personenkreise mit den Grundbegriffen der elektronischen Datenverarbeitung vertraut machen. Andererseits
werden sich aber auch EDV-Spezialisten mit der thematischen
Kartographie und beispielsweise mit den planerischen Problemen
befassen müssen, wenn sie für diese Bereiche tätig werden
wollen und es zu einer erfolgreichen Zusammenarbeit kommen
soll (vgl. Boyle[22], S. 26).

Bibliographie

Bibliographie mit Inhaltsangabe

1. Agarwal, S. K. und Boyle, A. R.
A Character Recognition Device for Soundings on
Navigational Charts. Department of Electrical
Engineering, University of Saskatchewan.
Reprinted form SURVEYING & MAPPING, Quarterly
Journal of the American Congress on Surveying
and Mapping, March 1972, Vol. 32, No. 1, pp. 27 - 35
Durch Verwendung einer langsamen Spezialkamera, die
auf einem XY-Mechanismus montiert und an einen PDP-8
Computer angeschlossen ist, wurde die automatische
Digitalisierung numerischer Lotungsdaten aus Navi-
gationskarten erreicht. Der Output besteht aus
numerischen Lotungswerten und zugehörigen Positions-
koordinaten. Zu diesem Zweck wurde eine einfache und
zuverlässige Erkennungsprozedur gefunden.
Während die bestehenden Seekarten für die direkte
Kommunikation Mensch-Karte bestimmt sind, werden
neue Vermessungsdaten in digitaler Form anfallen.
Beide Arten der Informationsspeicherung müssen aus
den verschiedensten Gründen zusammengeführt werden.
Für diesen Zweck wurde an der Universität Saskatchewan eine Datenbank für Informationen aus Navigations-
Seekarten aufgebaut.
Der Einsatz eines manuellen Digitizers zur Überführung der Lotungsdaten aus den Seekarten in die
Datenbank erbrachte 5 % fehlerhafte Daten. Das
Hauptproblem bestand darin, nicht nur die Position
zu erfassen, sondern auch den dazugehörigen numerischen Wert. Seit es eine klare, standardisierte
Schreibform gibt, ist es möglich, den Lesevorgang
zu automatisieren. Dafür mußte ein Gerät gefunden
werden, das die Lotungsangaben sucht und den numerischen Wert analysiert. Dies wurde mit der obengenannten Apparatur erreicht. Für diesen Leseprozeß
wurden die Seekarten derart vorbereitet, daß bis
auf die Lotungsangaben (Zahlen) alle Linien und
Symbole aus der Karte entfernt wurden.
Der Beitrag enthält weitere technische Einzelheiten
und eine genaue Beschreibung des Verfahrens.

2. Arnberger, Erik und Söllner, Peter
   Jüngere Literatur zur Automation in der thematischen
   Kartographie
   Beiträge aus dem Seminarbetrieb der Lehrkanzel für
   Geographie und Kartographie der Universität Wien,
   Bd. 4 (1973)

   Die Verfasser haben jüngere, in der Welt vorhandene
   Veröffentlichungen (1959 und später) zur Automation
   in der thematischen Kartographie zusammengestellt
   und im wesentlichen nach Bibliographien, organi-
   satorischen Gesichtspunkten, Arbeitsschritten,
   Datenbanken und Geräten gegliedert.

3. ARPUD - Datenbank Information Nr. 04
   Abteilung Raumplanung der Universität Dortmund,
   Fachgebiet Stadt- und Regionalplanung. Dortmund,
   Dezember 1972

   Mit der vorliegenden Arbeit ist der Versuch unternommen worden, die in der Abteilung Raumplanung
   laufenden Aktivitäten im Bereich der EDV mit dem
   Ziel zu erfassen, das dabei anfallende empirische
   Datenmaterial sowie die verwendeten Programme in
   knapper Form zu dokumentieren, soweit die Dokumen-
   tierung für eine größere Zahl von Abteilungsmitglie-
   dern von Interesse zu sein schien. Zum Konzept der
   ARPUD-Datenbank gehört es nicht, den systematischen
   Ausbau einer Datenbasis für die Raumplanung, einschließlich Fortschreibung, zu betreiben. Der Da-
   tenbestand liegt zur Zeit bei 10 Millionen.
   Die Sammlung enthält u. a. 22 graphische und kartographische Programme für verschiedene Datenverarbeitungsanlagen und in unterschiedlicher Ausbaustufe. Der Zweck der Programme wird kurz erläutert.
   In der Regel sind auch die kartographischen Ergebnisse beispielhaft dargestellt.
   In einem Verzeichnis ist für jedes Programm - darunter auch Kartographie-Programme - seine Ausbaustufe mit einer Kennziffer von 1 bis 12 angegeben.
   Diese Kennziffern bedeuten im einzelnen:

1 - Programmidee

2 - Systemanalyse

3 - Codierung

4 - Ablochung

5 - Testlauf Syntaktisch

6 - Testlauf Semantisch

7 - Anwendungslauf

8 - Dokumentation Liste

9 - Dokumentation Kartendeck

10 - Dokumentation Programmbeschreibung

11 - Dokumentation Wiss. Reihe

12 - Vorgang abgeschlossen

4. Aumen, William C.
   A New Map Form: Numbers
   "Internationales Jahrbuch für Kartographie", Jg. 10
   (1970), S. 80 - 84

   Dieser Beitrag beschreibt eine neue Kartenform, in
   der die numerische Darstellung der Karteninformation die graphische Darstellung ersetzt. Er will
   veranschaulichen, daß in Zukunft nicht nur neue
   Formen und Stile für Karten benötigt werden, sondern daß es solche Karten bereits gibt und auch
   heute schon in Produktion sind. Dieser Beitrag will
   auch darauf hinweisen, daß Karten ein Kommunikations-
   mittel für Informationen sind und daß sie nicht eine
   graphische Form haben müssen. Es wird die gegenwärtige Herstellung von numerischer Darstellung der
   Karteninformationen beschrieben, und diese Beschreibung enthält auch Angaben über Geräte zur Daten-
   kollektion (hardware) und Computerprogramme (software).
   Die Beschreibung der Anwendungsgebiete konzentriert
   sich auf zivile Belange im Gegensatz zu militäri-
   schen Anwendungen und erläutert den Wert der elektronischen Computer bei der Lösung von Problemen
   mit Kartendaten. Einige Anwendungen ermöglichen eine

direkte Lösung von Problemen, wie z.B. bei der
Planung von Autostraßen; andere zeigen, wie mit
Hilfe der Computer Fragen über Kartendaten direkt
beantwortet werden können im Gegensatz zu der in-
direkten graphischen Methode. Schließlich wird ihre
Anwendung bei der beschleunigten Reproduktion von
speziellen graphischen Darstellungen gezeigt.

5. Barnbrock, Jörn; Fehl, Gerhard; Kreilmann Ilan; Schneider,Wolfram
   Informationsverarbeitung für die Stadterneuerung 1,
   Arbeitsbericht Lübeck
   Bericht der Arbeitsgruppe für Datenverarbeitung
   (ADV) im Fachbereich für Gesellschafts- und Pla-
   nungswissenschaften der TU Berlin (im Auftrage des
   GEWOS GmbH., Hamburg), Berlin (1971)

Es sollte einerseits für die von der GEWOS bei
Gemeinden angestellten Untersuchungen der Bausubstanz in Erneuerungsgebieten eine Methode der Aufbereitung und Auswertung entwickelt werden, um zu
den immer wieder vorkommenden Problemen bei der
Erneuerung Aussagen in leicht verständlicher Form
zu erhalten. Hierfür bot sich als Hilfsmittel die
Computerkartierung und die darauf bezogenen Methoden
an. Es war ein Standard-Auswertungspaket zu erar-
beiten, das an drei Gemeinden erprobt werden sollte.
Lübeck ist dabei der erste Anwendungsfall.
Zum weiteren sollten mit Hilfe der Computerkartierung Methoden für die Darstellung von Zusammenhängen
zwischen Bausubstanz und Sozialstruktur erarbeitet
werden.
Für die Bearbeitung stand das am Recheninstitut
der Technischen Universität Berlin entwickelte
Programm-System SUPRA (s. Fehl, G.: Das Programm-
system "SUPRA") zur Verfügung, das auf seine Brauchbarkeit für Fragen der Stadterneuerungsplanung ausgetestet werden sollte. Dieses Programm-System
umfaßt im wesentlichen neben einigen Programmen
zur Datenorganisation und -handhabung das Kartierprogramm FALE (eine Weiterentwicklung des Computer-

programms SYMAP-F), das Tabellierprogramm NIKE und
das Histogramm HISTO. In der ersten Runde dieser
Untersuchung wurde von der Verwendung komplexer
statistischer Programme des Systems kein Gebrauch
gemacht.

6. Bateman, Carol
        Computer Controlled Drawing of Hydrographic Charts
        "The Cartographic Journal", Vol. 9 (1972), S. 59-65
        Der Verfasser beschreibt ein Programmsystem zur
        automatischen Zeichnung von hydrographischen Karten
        unter direkter Verwendung der "rohen" Vermessungs-
        daten. Das Problem bei der Herstellung hydrographi-
        scher Karten besteht insbesondere darin, daß für
        ein bestimmtes Seegebiet zigtausende von Meßpunkten
        aufgenommen werden, von denen aber nur ausgesprochen
        wenige in die endgültige Karte übernommen werden,
        weil nur sie z.B. eine bestimmte Wassertiefe unter-
        schreiten. Und nur das sind die wesentlichen Infor-
        mationen für den Navigator.
        Die lange und mühselige Auswahlarbeit der wesent-
        lichen Meßpunkte wurde automatisiert. Die endgül-
        tige Karte wird mit hoher Genauigkeit direkt aus
        dem Computerspeicher gezeichnet. Die Zeitersparnis
        ist beträchtlich, und die Herstellung von Karten
        wird ein Routineverfahren, ein Minimum an Aufmerk-
        samkeit erfordernd. Die Meßdaten werden vom Echolot
        mit ihren Koordinaten und der Wassertiefe direkt
        auf Lochstreifen ausgegeben. Die endgültigen Karten
        können durch einfache Änderung von Programmpara-
        metern in verschiedenen Maßstäben ausgezeichnet
        werden. Die Abhandlung beschreibt die für den
        obengenannten Zweck entwickelten Programme.

7. Bayerisches Staatsministerium für Landesentwicklung und Umwelt-
        fragen
        Raumordnungsbericht 1971. München, 1972 (Jan.)
        Die Staatsregierung berichtet dem Landtag und dem
        Senat erstmals über den Stand der Raumordnung in

Bayern sowie über neue Planungsvorhaben von allgemeiner Bedeutung. Gegenstand des Raumordnungsberichts ist vor allem eine möglichst weitgehende
Bestandsaufnahme im Geschäftsbereich der Landes-
planungsbehörden sowie in den verschiedenen raum-
bedeutsamen Fachbereichen. Im Rahmen einer landes-
planerischen Würdigung werden besondere Probleme
und Lösungsvorschläge aufgezeigt. Entsprechend der
Zielsetzung des Raumordnungsberichts werden neue
Vorhaben und Planungen von allgemeiner Bedeutung
einbezogen, soweit sie für die räumliche Ordnung
und Entwicklung des Staatsgebiets oder größerer
Teile desselben von Bedeutung sind.
Bei der Darstellung wird in erheblichem Umfang
flächenbezogen   gearbeitet. Es werden Karten verwendet, um die räumliche Verteilung von statistischen Daten oder Datenkombinationen ihrer Größenordnung nach darzustellen. Eine typische Aufgabenstellung ist z.B. die kartenmäßige Darstellung der
Einwohnerdichte der Gemeinden Bayerns nach verschiedenen Schwellenbereichen.

Hierzu sind vor allem folgende Arbeitsabschnitte
erforderlich:
1) Es müssen geeignete Grundkarten erstellt werden
2) Die dargestellten Daten oder Datenkombinationen
   werden - meist in Gruppen zusammengefaßt - in
   der Regel in eine Skala von Farben übersetzt
   und in die Karten eingetragen, um gerade bei
   einer Vielzahl von Flächeneinheiten einen schnel-
   len Überblick über die geographische Verteilung
   der statistischen Daten nach ihrer Größenordnung
   zu erhalten.

Die zusätzlichen Erkenntnismöglichkeiten der kartographischen Darstellung von Analysedaten gegenüber
der bloßen statistischen Auflistung ohne direkten
Raumbezug sind unbestritten. Jedoch sind die bisher

praktizierten konventionellen Methoden der Kartenherstellung wegen der durch den hohen Arbeitsaufwand
verursachten beträchtlichen Kosten und wegen der
langen Bearbeitungszeiten unbefriedigend. Es mußte
daher versucht werden, den Zeit- und Kostenaufwand
mit Hilfe der elektronischen Datenverarbeitung erheblich zu vermindern.

Die Bayerische Oberste Landesplanungsbehörde hat
nun ein neues Verfahren entwickelt, wonach in relativ kurzer Zeit sogenannte "thematische Gemeindeflächenkarten" mit bis zu 16 Farbwerten erstellt
werden können. Dazu mußte zunächst eine generalisierte Gemeindegrenzenkarte von Bayern gezeichnet
werden. Daneben wurde ein spezielles EDV-Programm-
paket entwickelt, um die besonders arbeitsintensive
und zeitraubende Phase der Auswertung der statistischen Daten und ihre Zuordnung zur geographischen
Lage der Gemeinden auf den Computer zu verlagern.
Als Ergebnis liefert dieses Programmpaket insbesondere auch Farbwertauszüge. Zusätzlich können noch
als Legenden Landesgrenzen, Seen, Flüsse und die
gemeindefreien Gebiete gedruckt werden. Von den
Farbwertauszügen werden dann über eine geeignete
Kombination von Reprophotographie und Offsetdruck
die thematischen Gemeindeflächenkarten mit bis zu
16 Farbwerten im gewünschten Maßstab abgeleitet.

8. Bayerisches Statistisches Landesamt
   Kartographie der Bayerischen Kreise. Ein Anwendungs-
   gebiet elektronischer Datenverarbeitung. München,
   April 1971
   Das Programmpaket für die maschinelle Erstellung von
   Schnelldrucker-Kartogrammen steht seit fast zwei
   Jahren zur Verfügung und wurde bereits für die Er-
   stellung verschiedener Kartogramme eingesetzt. Wäh-
   rend die meisten der bisher gefertigten Kartogramme
   nur für den internen Dienstgebrauch verwendet wurden,

soll das hiermit vorgelegte Kartenwerk als Anregung
für einen größeren Interessentenkreis dienen. Aus
diesem Grunde wurden auch verschiedene Erstellungs-
und Vervielfältigungstechniken angewandt. Die Mehrzahl der Karten wurde, abgesehen von dem Schwarz-
druck, nur in einer Farbe gedruckt. Nur für die
jeweils ersten beiden Karten der sechs Bereiche
(Wahlstatistik, Bevölkerungs- und Kulturstatistik,
Landwirtschaftsstatistik, Wirtschaftsstatistik,
Sozialstatistik, Finanz- und Steuerstatistik) wurden
fünf Farben verwendet. Dabei unterscheiden sich die
jeweils ersten Karten von den zweiten dadurch, daß
bei ihnen zur Kennzeichnung der fünf Klassen das
gleiche Druckzeichen (Null mit darüber gedruckten
Nummernzeichen) verwendet wurde, während bei den
jeweils zweiten Karten unterschiedliche Druckzeichen
zur Anwendung kamen. Zweifellos kommt die Zugehörig-
keit der einzelnen Kreise zu den - mit einer Aus-
nahme - in allen Kartogrammen einheitlich verwendeten fünf Klassen am deutlichsten durch die mehr-
farbigen Karten, die mit gleichem Drucksymbol erstellt wurden, zum Ausdruck. Aber auch die anderen
Verfahren stellen die einzelnen Sachverhalte anschaulich dar.

Die entscheidenden Faktoren für den Grad der Anschau-
lichkeit der Kartogramme sind die Zahl und Abgrenzung
der Klassen, die Wahl der verwendeten Druckzeichen
und die ausgewählten Farben. Bei entsprechender
Berücksichtigung der nunmehr vorliegenden Erfahrung
kann mit Sicherheit jedes nach dem hier beschriebenen maschinellen Verfahren erstellte Kartogramm
optimal dargestellt werden.

Neben der Erstellung reproduktionsfähiger Vorlagen
für eine ein- oder mehrfarbige Vervielfältigung kann
das Programm aber - und für diesen Zweck wurde es
ursprünglich erstellt - auch zur Erstellung eines

Kartogramms als Arbeitsunterlage bzw. zur Bestimmung
optimaler Klasseneinteilungen verwendet werden.
Insbesondere unter diesem Aspekt stellt es für jeden
Planer und Statistiker eine wertvolle Ergänzung
seines technischen Instrumentariums dar.

9. Bengtsson, Bengt-Erik und Nordbeck, Stig
    Construction of Isarithms and Isarithmic Maps by
    Computers, BIT 1964 : 2, S. 87 - 105
    Die wichtigste Überlegung bei der Kartenkonstruktion
    ist, daß die endgültige Karte ein objektives Bild
    der dargestellten Realität geben soll. Es ist auch
    wichtig, daß die Karte schnell und effizient mit
    einem Minimum an manueller Arbeit erstellt werden
    kann. Die Koordinaten-Kartierungs-Methode erfüllt
    diese Voraussetzungen zu einem hohen Grade.

    Der Bericht beschäftigt sich mit der Herstellung
    von Isarithmen in Verbindung mit der Koordinaten-
    kartierungsmethode und der Verwendung von Computern.
    Die theoretische Methode zur Konstruktion von Isa-
    rithmen geht davon aus, daß ein dreidimensionales
    Diagramm von Flächen (Ebenen), die parallel zur
    Grundfläche liegen, geschnitten wird. Die sich
    daraus ergebenden Schnittlinien werden auf die
    Grundfläche projiziert und stellen Isolinien dar.
    Von dieser theoretischen Konstruktionsmethode wurde
    eine praktische Methode zur Konstruktion von Isarith-
    menkarten abgeleitet, die direkt die Funktionswerte
    gewisser Punkte verwendet. Damit kann die Konstruk-
    tion von Isarithmen dem Computer übertragen werden.
    In den meisten Fällen genügt es nicht, nur einen
    Punkt zu betrachten, sondern auch seine Umgebung,
    d.h. die entsprechende Bezugsfläche. Für die auto-
    matische Konstruktion von Isarithmen durch den
    Computer ist ein von einem bekannten Koordinaten-
    system überlagertes Quadrat die beste Bezugsfläche.

    Bei der Konstruktion von Isarithmen wird das ein-
    fache lineare Interpolationsverfahren verwendet.

Sollte es notwendig sein, können die Gitterpunkte
enger zusammengerückt werden, wodurch überlappende
Bezugsflächen entstehen. Um Isarithmenkarten leichter
lesbar zu machen, kann die Schattierungstechnik
verwendet werden. Flächen mit sehr hohen Werten
erhalten einen dunkleren Farbton als jene mit nied-
rigeren Werten.

Folgende Programme werden kurz beschrieben:

1. NORI
   Das Programm berechnet die Funktionswerte für
   Gitterpunkte eines regulären Dreiecksnetzes.

2. NORIP
   Dieses Programm liefert Isarithmen für Werte,
   die von NORI berechnet wurden.

3. NORIA
   Fügt geteilte Isarithmen zusammen, wenn die
   Größe des Computers nur die Berechnung von
   Teilstücken zuläßt.

10. Berner, H.; Ekström, T.; Lilljequist, R.; Stephansson, O. and
    Wikström, A.
    GEOMAP - A Data System for Geological Mapping
    in: Bericht über den 24. Internationalen Geologi-
    schen Kongreß (IGC), Kanada 1972, Montreal, Sektion
    16, S. 3 - 11

Ein computerorientiertes Felddatenblatt für die
Erfassung und Verarbeitung geologischer Feldbeob-
achtungen wurde entwickelt und getestet. Die Eintragungen des Datenerfassungsblattes werden auf
Lochkarten und danach auf Magnetband übertragen,
um sie für die Speicherung, Wiedergewinnung und
automatische Verarbeitung in einer geologischen
Datenbank verfügbar zu haben. Die Möglichkeiten
für die Auflistung, Tabellierung und Zeichnung der
Informationen jeder Bohrung werden erläutert.

Die Verarbeitungsroutinen von GEOMAP umfassen die
komplette Auflistung der Beobachtungen für jede
Bohrung in Textform und Tabellen spezieller Parameter. Mit Hilfe eines automatischen Zeichengerätes
können Karten hergestellt werden, die die Bohrungen,

Gesteinstypen und alle Kombinationen der tektoni-
schen Daten enthalten. Das System umfaßt ferner
Unterprogramme für die Strukturanalyse und Geosta-
tistik. Für die Verarbeitung "freier Texte" wurde
eine spezielle Methode ausgearbeitet.

Das System wurde in unterschiedlichen geologischen
Gebieten Skandinaviens getestet.

11. Berry, Brian J. L.; Marble, F. Duane
    Spatial Analysis - A Reader in Statistical Geography.
    Englewood Cliffs (New Jersey), 1968
    Es handelt sich um einen Sammelband, der vorwiegend
    Wiederabdrucke von Aufsätzen der einzelnen Autoren
    aus den verschiedensten Zeitschriften enthält.
    Die Beiträge beschäftigen sich mit dem Problem der
    Quantifizierung in der Geographie, insbesondere mit
    der geographischen Anwendung statistischer Methoden
    für die räumliche Analyse. Nach Meinung der Autoren
    stellt das "Lesebuch" eine repräsentative Sammlung
    wichtiger Beiträge dar.

12. Bertin, Jacques
    Die graphische Behandlung von Informationen vor der
    Darstellung auf thematischen Karten
    "Nachrichten aus dem Karten- und Vermessungswesen",
    Reihe I: Originalbeiträge, H. 59 (1972), S. 26-27
    Bertin geht von der Hypothese aus, daß alle erfor-
    derlichen Informationen gespeichert und verfügbar
    sind und stellt die Frage: Wenn man n Veränderliche
    (100 oder mehr!) von einem gegebenen Gebiet hat,
    welche Karten soll man damit herstellen? n Karten
    sind nicht auswertbar, und es ist unmöglich, die
    n Variablen auf einer einzigen Karte darzustellen.
    Welche Kombinationen von welchen Variablen können
    für die Kartographie ausgewertet werden? Einige
    sind der Ansicht, daß diese Frage nicht mehr zum
    Gebiet der Kartographie gehört, andere nehmen an,
    daß es dafür mathematische Lösungen gibt wie die

Faktorenanalyse, Analyse der Korrelation oder
andere. Für den Autor handelt es sich sehr wohl
um ein Problem der thematischen Kartographie von
heute und noch mehr derjenigen von morgen. Diese
wird mit den wirtschaftlichen und administrativen
Problemen konfrontiert und von der unendlichen
Menge der Variablen überschwemmt, die den Menschen und seine Umgebung im Verhältnis zum Raum
berühren. Er schlägt deshalb ein Verfahren der
graphischen Behandlung vor.

Die graphische Methode der "visuell ordnungsfähigen Matrizen", die der Autor vorschlägt, beruht
auf den visuellen Fähigkeiten der Integration
und Vereinfachung.

13. Bertin, Jacques
    La cartographie dans "la Civilisation de l'Infor-
    matique" (Die Kartographie im Computer-Zeitalter)
    "Internationales Jahrbuch für Kartographie",
    Bd. 10 (1970), S. 85 - 94

    Bei der unvermeidlichen Entwicklung der Behandlung
    von Informationen durch Computer stellt sich die

Frage: Wie kann sich die Kartographie die Datenverarbeitung nutzbar machen?
Die Weiterentwicklung des kartographischen Berufs
hängt von dieser Nutzbarmachung ab, die sich in
dem Dialog Mensch-Maschine ausdrückt, der auf drei
"Sprachen" basiert, nämlich der wörtlichen, der
mathematischen und der graphischen.
Für die Datenverarbeitung erhebt sich jetzt die
Frage der Auswahl unter diesen Sprachen, denn der
graphische Ausdruck kann bei der Behandlung und der
Übermittlung von Informationen mit der Mathematik
erfolgreich in Konkurrenz treten. Das wirksame Ver-
gleichsfeld für den Menschen ist die Karte, und in
der Karte ist die geographische Ordnung die einzige
stabile und universelle Ordnung. Die Kartographie
ist das einzige Mittel, um den Raum graphisch auf-
zuteilen, aber der graphische Ausdruck kann nur im
Einvernehmen mit den Gesetzen der visuellen Darstellung in eine angemessene Konkurrenz   treten.

Man erkennt also, daß die graphische Ausdrucksweise
ein unabhängiges System darstellt, das seine eigenen Mittel und dementsprechend auch seine eigenen
Gesetze hat. Der Graphiker muß also, wie z.B. auch
der Mathematiker, die Behandlung der Information
kennen, und zwar: 1. die Grundsätze für die Analyse
der Information und des Problems, 2. die Mittel und
Grenzen des graphischen Systems, 3. die Gesetze der
Übereinstimmung zwischen 1. und 2. (graphische Se-
miologie) und 4. die Vergleichselemente der Systeme
untereinander.
Der Kartograph von morgen ist ein Fachmann und Kenner
einer dieser "Sprachen" der Datenverarbeitung und
nicht ein Techniker auf einem begrenzten Gebiet,
und er wird in seinem Beruf die Möglichkeit für
eine weitgehende soziale Förderung finden.

14. Bickmore, David
Automation in der Kartographie
"Kartographische Nachrichten", Jg. 19 (1969), H. 5,
S. 180 - 185

Auf allen Wissensgebieten wächst die Menge an Daten
von unserer Umwelt, die eine Kartierung erfordern,
die aber zunächst nur in digitaler Form vorliegen.
Dies scheint für die traditionelle Kartographie
eine Schwierigkeit zu bilden, und das zu einer Zeit,
in der die Anzahl der herkömmlich ausgebildeten
Arbeitskräfte nicht ausreicht und in der mehr und
mehr Entscheidungen auf der Grundlage von Karten,
z.B. bei der Planung von Ölbohrungen oder der Be-
völkerungsverteilung, benötigt werden.

Sehr genaue Computer-Zeichnungen scheinen einen
Ausweg aus dem kartographischen Dilemma zu bieten:
in den vergangenen 2 oder 3 Jahren ist deutlich
ein steigendes Interesse an der automatischen
Kartographie zu beobachten, z.B. kürzlich bei den
internationalen geographischen und kartographischen
Tagungen in Indien.
Obwohl im Oktober 1967 "The Experimental Cartographic Unit" am Royal College of Art in London vom
Natural Environment Research Council eingerichtet
wurde, wird bisher zu wenig Forschungsarbeit zur
kartographischen Automation in Großbritannien und
Europa geleistet. Diese Tatsache überrascht nicht,
wenn die hohen Kosten für die sehr genauen technischen Ausrüstungen und die Schwierigkeiten bei der
Aufstellung eines für die Bedienung von Computern
usw. qualifizierten Mitarbeiterstabs in Betracht
gezogen werden.
Zum Teil erklärt sich der hochspezialisierte Cha-
rakter der Arbeit durch die hohe relative Genauigkeit, welche die Kartographie verlangt, um dem
menschlichen Auge und dem menschlichen Denkvermögen
gerecht zu werden.

Die Reihe von speziellen Problemen, von der Computer-Verarbeitung bis zur graphischen Darstellung, hat unsere Untersuchungen zur Kartographie in eine irgendwie einzigartige interdisziplinäre Verfahrensweise gezwungen. Die Forschungsarbeit der Experimental Cartography Unit ist deshalb in 3 Abschnitte unterteilt:

a) Datenerfassung

b) Verarbeitung der Daten mittels Computer

c) Graphische Gestaltung der Datenausgabe.

Durch diese vertikale Gliederung der Forschungstätigkeit zieht horizontal eine Serie von kartographischen Aufgaben, welche die Experimental Cartography Unit übernommen hat.

a) Versuche zu Tiefenlinienkarten - für National Institute of Oceanography.

b) Versuche zu stratigraphischen und geophysikalischen Karten - für Institute of Geological Science

c) Versuche zu großmaßstäbigen topographischen Karten 25 Inch Map (1 : 2500), 6 Inch Map (1 : 10650) und Höhenliniendarstellungen - für Ordnance Survey.

d) Studie zur Durchführbarkeit einer regionalen Wirtschafts-Datenbank von Ostengland- für Department of Economic Affairs.

e) Vegetationskarten (Teesdale) - für Nature Conservancy.

f) Computerberechnete Bodenkarten, basierend auf Punktproben - für Agricultural Research Council, Soil Survey.

g) Geochemische Karten von Nordirland - mit Prof. Webb vom Imperial College.

h) Karten zur Gefälleanalyse - mit dem Institute of Holography.

i) Computerhergestellte Namensverzeichnisse (gazetteer und anschließende automatische Schrift- und Signaturenplazierung - mit Clarendon Press.

Zukünftige Probleme

Im folgenden werden kurze Angaben über gewisse
Probleme gemacht, die wahrscheinlich im nächsten
und übernächsten Jahr die Überlegungen und Versuche beherrschen werden.

a) Bearbeitung der Vorlagen und redaktionelle Aufbereitung der Vorlagen vor der Dateneingabe
b) Prüfverfahren
c) Prüfung und Fortführung
d) Kennzeichnung, Randanschließen und Zusammensetzen
   von Mosaiken
e) Die Ableitung der Höhenlinien für zusammenhängende Flächen gleicher Höhe
f) Projektionen
g) Verdichtung der Daten
h) Generalisierung
i) Zuverlässigkeit
j) Alternative Verfahren zur Ausgabe kartographischer Daten.

15. Bickmore, D. P.
    Neue Entwicklungen beim Experimental Cartography
    Unit (ECU); Kartographische Datenbanken
    "Internationales Jahrbuch für Kartographie", Jg. 13
    (1973), S. 90 - 96

    Die automatisierte Kartographie ist als ein erster
    Schritt auf dem Wege zur Erstellung kartographischer
    Datenbanken zu betrachten. Aber die kartographische
    Datenbank ist mehr als nur ein Regal voll einzelner
    Magnetbänder der topographischen oder geologischen
    Gegebenheiten oder der Landnutzung eines Gebietes.
    Sie ist der Versuch, Beziehungen herzustellen zwi-
    schen den Datensammlungen der einzelnen Wissensge-
    biete. Eine solche Wechselbeziehung verlangt inter-
    aktive Kartographie, basierend auf freiem Zugriff
    auf Magnetplatten und auf Speicherstrukturen, die
    auf Fragen vorbereitet sind, welche man vernünfti-
    gerweise erwarten kann und die sie ausführlich und

in Mikrosekunden beantworten können.

Der Beitrag beschreibt "Segment-Kennzeichnungen" –
kurze Datensätze fester Länge – , die die Basis der
Speicherstruktur von E. C. U. darstellen. Die Arbeit
gibt außerdem Beispiele für die kartographischen
Probleme, die mit Hilfe dieser Speicherstruktur
gelöst werden sollen.

16. Bickmore, D. P. and Kelk, B.
Production of a Multi-Colour Geological Map by
Automated Means.
In: Bericht über den 24. Internationalen Geologi-
schen Kongreß (IGC), Kanada 1972, Montreal, Sektion
16, S. 121 – 127

Die Abhandlung beschreibt eine Durchführungsstudie
für die Produktion einer 1-Zoll vielfarbigen geologischen Karte von einer 6-Zoll Feldkarte. Das Projekt wurde durchgeführt von der Experimental Cartography Unit in Zusammenarbeit mit dem Institut für
Geologische Wissenschaften. Ziel war es zu prüfen,
ob diese Produktion möglich ist und um Vergleiche
über die Produktionszeit bei der automatischen und
der manuellen Herstellung sowie für die kartographische Qualität anzustellen.

Die geologischen Hauptzüge von 35 Feldblättern
wurden mit Hilfe eines Digitizers umgewandelt und
auf Magnetband gespeichert. Unter Verwendung verschiedener Techniken wurden diese Daten danach korrigiert und verarbeitet. Die geologischen Grenzen
wurden mit Hilfe eines Lichtpunktprojektors, der
auf einem sehr genauen, computergesteuerten Zeichentisch montiert war, auf Film gezeichnet. Die rest-
lichen Arbeiten zur Herstellung der Karte wurden
auf konventionelle Weise ausgeführt.

Im Vergleich zum konventionellen Herstellungsverfahren, das drei Jahre dauerte, konnten diese
Karten innerhalb von etwa 7 Monaten fertiggestellt
werden.

17. Boesch, Hans
Geographie und EDV
"Uni 70", Mitteilungsblatt des Rektorats der Universität Zürich, Dezember 1970, Nr. 5, S. 1

In besonderem Maße glücklich ist die Geographie, heute über jene neuen Möglichkeiten des wissenschaftlichen Arbeitens zu verfügen, welche durch die Entwicklung der elektronischen Datenverarbeitung (EDV) gegeben sind. In erster Linie ist dabei an die folgenden drei Gebiete zu denken: Die Geographie gehört in gleichem Maße den Natur- wie den Geisteswissenschaften an. Der Bereich der zu berücksichtigenden Daten ist weit und die Menge der anfallenden Daten außergewöhnlich groß. An allen Fragen der Datenerfassung und deren Speicherung in einer modernen Datei (Magnetband) besitzt sie deshalb ein besonderes Interesse.
Einen zweiten Bereich bildet die Verarbeitung der Daten im Sinne numerischer Korrelation und Integration. Die bisher üblichen Methoden, welche nur eine kleine Zahl von Variablen berücksichtigen konnten oder auf rein graphischem Vorgehen beruhten, werden heute durch immer raffiniertere Berechnungen ersetzt.

Ein drittes Gebiet betrifft die automatisierte Graphik (vor allem Karten), wobei sowohl Einzeldaten wie aufgearbeitete Daten in Frage kommen. Üblicherweise bezeichnet man den so umrissenen Arbeitsbereich als "Quantitative Geographie" (quantitative geography). Er gewinnt zunehmend an Bedeutung, und ununterbrochen arbeitet die Forschung an neuen Problemen und stellt der Praxis neue Lösungen zur Verfügung. Führend sind dabei die angelsächsischen Länder (England, Kanada, USA) und Skandinavien, während im deutschen Sprachbereich nur vereinzelt erste Ansätze zu erkennen sind.

Das Geographische Institut der Universität Zürich kann dabei, dank seiner zahlreichen Beziehungen zu

den genannten Zentren der Forschung, schon auf eine
mehrjährige Erfahrung mit Fragen der quantitativen
Geographie zurückblicken. Auch in den Lehrplan sind
entsprechende Kurse und Vorlesungen eingebaut worden,
in welchen vor allem gezeigt wird, wie spezifisch
geographische Problemstellungen mit den neuen Methoden vorteilhaft gelöst werden. Zur systematischen
Untersuchung der anfallenden Fragen wurden in der
letzten Zeit in zwei Gebieten sogenannte Informationsraster angelegt. Unter einem Informationsraster
versteht man ein meist rechtwinkliges Koordinaten-
netz, welches über die Abbildungsebene eines Erd-
oberflächenteiles ausgelegt wird und auf dessen
Maschenpunkte alle gesammelten Daten bezogen werden.
Die derart positionsmäßig nach x-, y-Werten festgelegten Daten können einzeln oder kombiniert für
deskriptive Darstellungen, zur Durchführung von
Analysen und Synthesen und zum Spielen mit Modell-
konstruktionen bei der theoretischen Betrachtung
im Rahmen der EDV ausgewertet werden.

18. Boesch, H.; Brassel, K.; Kilchenmann, A.
        Karten aus dem Automaten
        "Tages-Anzeiger Magazin", (1972), Nr. 39, S. 17 - 23
        In einer Tageszeitung stellen die Autoren einer
        breiteren Öffentlichkeit - nach einleitenden Aus-
        führungen über die Entwicklung und Bedeutung der
        Kartographie - die heute in der Welt gegebenen
        Möglichkeiten dar, mit Hilfe des Schnelldruckers,
        des automatischen Zeichengerätes und der Elektro-
        denstrahlröhre Karten und Filme (aneinandergereihte
        Karten) herzustellen.

Die grundlegenden Impulse für die Computergraphik
stammen aus den Vereinigten Staaten, doch sind der
Vorsprung und die Dominanz der USA auf diesem Gebiet
etwas kleiner als im Bereich der übrigen quanti-
tativ-geographischen Methoden. Das älteste und am

weitesten verbreitete Darstellungsmedium in der
Computergraphik ist der Schnelldrucker (Printer).
Man kann ihn mit einer Schreibmaschine vergleichen,
und er ist in der Lage, Buchstaben, Ziffern und
Spezialzeichen in Form von Texten und Tabellen
zeilen- und kolonnenweise auszudrucken. Durch ein-
oder mehrmaliges Überdrucken eines schon hingesetzten
Zeichens lassen sich in Größe, Helligkeit und Form
veränderliche Signaturen aufbauen.
Normalerweise werden die Zeichen in hochkantiger
Rechteckform gedruckt. Weil die Bezugsflächen der
Rasterdaten meist Quadrate sind, würde bei normalem
Ausdrucken eine Karte in vertikaler Richtung ver-
zerrt. Auch bleiben zwischen den einzelnen Signaturen immer kleine weiße Zwischenbalken bestehen,
so daß es nicht möglich ist, zusammenhängende Voll-
töne zu erzeugen. Diese beiden Mängel wurden durch
Korrektur des Zeilenvorschubes und Einsetzen von
Spezialbereichen behoben. Durch Verwendung von verschiedenen Farbbändern oder, besser: durch Auflegen
von farbigen Durchschlagpapieren lassen sich Mehr-
farbendrucke erzeugen. Dies bedingt allerdings für
jede Grundfarbe einen speziellen Arbeitsgang mit
genau eingepaßtem Druckpapier. Es ist aber auch
möglich, alle Farbauszüge separat mit schwarzer
Farbe auf eine Folie zu drucken und daraus dann
direkt die Offsetdruckplatten zu erstellen.

Um einen andern Kartentyp handelt es sich bei der
Abbildung von Gebirgen mittels Reliefschummerung.
Aus rasterbezogenen Höhenkotenwerten soll mit den
Spezialsignaturen eine Printerdarstellung erzeugt
werden, die fotografisch verkleinert direkt den
Druckraster eines Halbtonbildes ergibt. Die Hellig-
keit der einzelnen Druckzellen wird aus der Neigung
der Flächenelemente und der Lichtrichtung berechnet;
Modifikationen dieses generellen Prinzips verbessern

die graphische Wirkung. Beim Mehrfarbenrelief wurde
zuerst die Schwarzplatte erzeugt und aus dieser
sekundär in einem zweiten Schritt die weiteren Farbauszüge.

Neben den Printerdarstellungen spielen in der Computergraphik vor allem die Plotzeichnungen eine
Rolle: Daten steuern hier einen Zeichenstift mit
Tusche oder Bleistift. Neben Apparaten mit geringer
Zeichengenauigkeit sind qualitativ hochstehende,
mit Zeichen-, Ritz- und Gravierwerkzeugen versehene
automatische Zeichengeräte auf dem Markt, darunter
auch Schweizer Modelle. Diese sind zum Teil bereits
mit Lichtköpfen ausgerüstet, die elektronisch gesteuert sind und mit Lichtzellen Abbildungen direkt
auf einen Film übertragen können. Diese und ähnliche
Zeichengeräte werden für die praktische Kartenproduktion von Bedeutung sein.

Im wissenschaftlichen Bereich wird die Elektroden-
strahlröhre eine Zukunft haben. Auf diesen Bild-
schirmgeräten lassen sich sowohl Linienzeichnungen
wie auch rasterfüllende Signaturen erzeugen. Ohne
Papieranfall können so innert kürzester Zeit Figuren
auf den Bildschirm projiziert und durch menschlichen
Eingriff abgeändert werden. Durch fotografische
Kopien ab Schirmbild können gewünschte Darstellungen
jederzeit festgehalten werden. In den Vereinigten
Staaten sind auch bereits bewegliche Kartenbilder
erstellt worden: verschiedene Karten des gleichen
Gebietes - chronologisch in richtiger Reihenfolge
auf den Lichtschirm projiziert und fotografisch
festgehalten - ergeben einen Film über Zustandsän-
derungen des gewählten Ausschnitts der Erdoberfläche.

Graphische Darstellungen auf dem Bildschirm werden
in Zukunft besonders dort eine Rolle spielen, wo
Mensch und Computer interaktiv arbeiten müssen, wo
der Mensch berechnete Größen beurteilen und aufgrund

seiner Entschlüsse der Maschine weitere Befehle
erteilen muß. Die Arbeit des Wissenschaftlers wird
in Zukunft vermehrt am Bildschirmgerät stattfinden,
das die genannte Kommunikation ermöglicht. Die
Maschine stellt dabei das Dateninventar und das
Rechenpotential zur Verfügung, während der Mensch
aus der Fülle des Materials eine Auswahl trifft und
fruchtbare Vergleiche ansetzt. Für diese Arbeit
muß er sowohl auf eine schöpferische Kreativität
wie auch auf persönlich gelernte und erfaßte Information aufbauen können.

19. Bolli, B.

Programm zur Datenvorbereitung für thematische
Karten
Kartographisches Institut der Eidgenössischen
Technischen Hochschule. Zürich 1967
Aufbauend auf dem Programm zur Datenvorbereitung
für thematische Karten, das Bolli 1967 entwickelte,
wurde ein Programmsystem konzipiert,
das Datenvorbereitung, Datenmanipulation, interak-
tives Entwerfen sowie Reinzeichnen von thematischen
Karten erlaubt.
Programmsprache ist FORTRAN IV. Folgende Output-
geräte können angesetzt werden:

    Low Precision Plotter
    High Precision Plotter
    Microfilmplotter
    Interactive Graphic Display
    Lineprinter

Ausbaustufen:
1. Datenvorbereitung und Reinzeichnung auf Low Prec.
   Plotter April 1972
2. Microfilmoutput Nov. 1972
3. Datenmanipulation und interaktives Dimensionieren
   am Bildschirm Dez. 1972
4. Erweiterung des Bildschirmprogr. ⟶ Korrektur-
   möglichkeit beim Plazieren von Diagrammen

(Überlagerungen) + Beschriftung April 1973

5. High Precision Plotter Output - Ende 1973.

20. Bosman, E. R.; Eckhart, D.; Kubik, K.
    A Review of the Activities on Automatic Digital
    Mapping in the Netherlands
    ICA-Conference, Commission III, Ottawa 1972
    Der Bericht, der auf einer Befragung von 16 nieder-
    ländischen Kartographie-Organisationen beruht, gibt
    einen Überblick über die bisherige Anwendung der
    automatischen Kartenherstellung in den Niederlanden.
    Drei der befragten Organisationen haben ihre Karten-
    produktion auf die automatische Technik umgestellt,
    während vier noch mit diesem Verfahren experimen-
    tieren. Hauptgrund für die Automatisierung in die-
    sem Bereich sind die steigenden Löhne für Arbeits-
    kräfte und die Schwierigkeiten, erfahrene Zeichner
    für die ermüdenden Routinearbeiten zu bekommen. Die
    Automation führte bisher zu kürzeren Produktions-
    zeiten und wachsenden Produktionsraten. Außerdem
    ist eine hohe gleichbleibende Qualität und ein
    gleichmäßiges Erscheinungsbild gesichert.

    Hauptanwendungsgebiete der automatischen Kartographie
    sind bisher:
    1. Herstellung von Navigations-Seekarten in den
       Maßstäben zwischen 1 : 5.000 und 1 : 50.000.
       Größe 120 x 108 cm. Jährliche Produktion: über
       200 Karten.
    2. Wassertiefenkarten durch Echolotung für die
       niederländischen Flüsse und die Nordsee.
    3. Anfertigung von Isobathen-Karten (die Interpo-
       lation von Tiefenlinien befindet sich noch im
       Experimentierstadium).
    4. Ein ähnliches Problem stellt die Interpolation
       von Isolinien für geologische und geochemische
       Untersuchungen dar (Verteilung von Mineralkon-
       zentrationen), die auf der Berechnung von Bohr-
       punktergebnissen basieren.

5. Experimentelle Anwendung der Automation für die Herstellung von Bodenkarten, wobei verschiedene Bodentypen durch Grenzlinien voneinander getrennt werden.

6. In der thematischen Kartographie werden Schnelldrucker für die Herstellung von statistischen Karten verwendet.

7. Herstellung von Katasterkarten, Maßstab 1 : 2.000, Größe 100 x 70 cm, 15 - 25 Karten pro Jahr.

8. Herstellung von großmaßstäbigen Karten für technische Zwecke; Maßstab 1 : 500 bis 1 : 1.000, Größe 56 x 120 cm, 90 Karten pro Jahr. Diese Karten werden von Luftbildaufnahmen hergestellt.

Auf die besondere Bedeutung der sorgfältigen Vorbereitung der Eingabedaten wird hingewiesen, weil während des Zeichenprozesses keine Korrektur mehr möglich ist.

Abschließend werden als noch offene Probleme die automatische Generalisierung und die automatische Kartenrevision (Updating) angesprochen.

21. Boyle, A. R.
Automation in Hydrographic Charting
Electrical Engineering Department University of Saskatchewan.
Reprinted in Canada from THE CANADIAN SURVEYOR, Vol. 24, No. 5, December 1970, S. 519 - 537

Der Verfasser gibt eine allgemeine Beschreibung von Konzept, Hardware und Programmen des Grundsystems der automatischen Kartographie, das von der Universität Saskatchewan für den Canadian Hydrographic Service entwickelt wurde. Das Grundsystem besteht aus einem automatischen Zeichengerät und einem halbautomatischen Digitizer. Beschrieben werden auch die Zusätze des Grundsystems, die sich während der Entwicklung als wichtig erwiesen haben. Es handelt sich dabei um ein interaktives Anzeigesystem, ein erweitertes Digitalisierungssystem, ein Sichtkontrollsystem und einen Outputschreiber.

Das Grundsystem der automatischen Kartographie für
den Kanadischen Hydrographischen Dienst befaßt sich
mit der automatischen Herstellung von Seekarten.
Als Input soll das System künftig auf See in digitaler Form aufgenommene Vermessungsdaten verarbeiten. Um sowohl alte als auch neue Daten verarbeiten
zu können, ist es notwendig, bestehende in graphischer Form vorliegende Vermessungsdaten zu digitalisieren.

Wegen einer Reihe von Vorteilen arbeitet das automatische Zeichengerät anstelle von Schreibwerkzeu-
gen mit einem Lichtkopfschreiber und Filmmaterial.

22. Boyle, A. R.
Der Computer im Dienste der kartographischen
Bearbeitung
"Nachrichten aus dem Karten- und Vermessungswesen",
Reihe I: Originalbeiträge, H. 59 (1972), S. 35 - 36
Die automatische Kartographie hängt ganz von der
Existenz von Datenbanken ab, ohne die die Automation
kaum als rentabel angesehen werden kann. Obwohl die
Sammlung von Daten aus vorhandenen Karten (Digitalisierung) ein sorgfältig untersuchtes und teilweise
gelöstes Problem ist, ist die Errichtung von Datenbanken ein noch unberührtes Gebiet, und das aus
drei Gründen: es handelt sich um ein schwer zu de-
finierendes System, ferner ist die Anzahl der verfügbaren Daten noch nicht ausreichend, und schließlich müssen Kartographen und Computerfachleute einen
Verständigungsbereich und eine gemeinsame Sprache
finden.
In der Universität von Saskatchewan stellte man
fest, daß die persönliche Rolle des Kartographen
in einer Datenbank sehr bedeutsam ist. Man hat
sich besonders bemüht, ein System für den "Dialog
Mensch/Maschine" zu schaffen. Dieses System wird
"Computer Aided Design" genannt und ist mit Hilfe
des Kanadischen Hydrographischen Dienstes entwickelt worden.

Mit diesem System ist es möglich, bei der Integration von Daten in die Bank, diese entweder einfach
den vorhandenen Daten hinzuzufügen, oder sie zu
vergleichen und erforderlichenfalls einige, die
überholt sind, zu ersetzen. Wenn es sich andererseits darum handelt, Daten aus der Bank abzufragen
(um sie zu kartieren), muß das System in der Lage
sein, Algorithmen der Auswahl, der Änderung des
Maßstabs und der Projektion, der Berechnung der
Höhenlinien, der Symbolisierung und der Generalisierung zur Anwendung zu bringen. In diesen beiden
Fällen sieht man, daß die Intervention des Kartographen erforderlich ist, und zwar unter intensi-
veren Bedingungen als früher.
Zur Erleichterung seiner Aufgabe verfügt er über
zwei Bildschirme, die es ihm ermöglichen, sowohl
ein größeres kartiertes Gebiet sichtbar zu machen
(um dessen Synthese beurteilen zu können) als auch
einen Ausschnitt davon im einzelnen mit Hilfe einer "zoom"-Vorrichtung zu analysieren. Die Qualität des Bildes muß ausreichend sein ebenso wie
seine Auflösung, und die benutzten Geräte müssen
genau den notwendigen Normen entsprechen.

Die Vorteile der Bildschirme gegenüber den Kartier-
geräten auf Papier oder Plastikfolie sind beträcht-
lich: zunächst erhält man das Bild in wenigen
Sekunden, und alle eingeführten Änderungen werden
schnell, genau und wirtschaftlich ausgeführt (mit
dem Ergebnis, daß die geistige Arbeit des Kartographen wesentlich beschleunigt wird). Schließlich
ist es sogar möglich, ein dreidimensionales Bild
zu erhalten, indem man Farbbildröhren benutzt,
insbesondere auf dem Gebiet der thematischen Karten.
Die wirtschaftlichste Lösung scheint in allen Fällen
die "verzögerte" Bearbeitung mit Hilfe von kleinen
autonomen Computern, wie z.B. des PDP 8 zu sein.

Der Autor beschreibt anschließend die Arbeitsgänge,
wie sie zur Zeit ablaufen: Eingabe der Daten (hydro-
graphische, topographische und geodätische) auf
Magnetband, ihre teilweise Übertragung auf Platten
und ihre anschließende Darstellung auf dem Bildschirm einer Kathodenstrahlröhre. Zu Beginn untersucht der Kartograph die Gesamtheit der so dargestellten Daten, dann läßt er nur denjenigen Ausschnitt der Karte, den er untersuchen möchte, im
großen Maßstab erscheinen. Er hat dann die Wahl
zwischen verschiedenen Verfahren der Maßstabsänderung,
der Datenauswahl, der Änderung von Symbolen, oder
sogar der Korrektur oder der Löschung bestimmter
Elemente. Die Einzelheiten werden auf dem Schirm
mit Hilfe von beliebig beweglichen Lichtzeichen beschrieben. Das erhaltene Bild wird auf Platten gespeichert und kann jederzeit bei Bedarf vom Kartographen abgerufen werden. Seine Fehler sind also
sozusagen miteinkalkuliert und reparabel.

Der Autor schließt mit der Beschreibung des besonderen Falles der Plazierung der Namen, die auf konventionelle Art erfolgt, dadurch, daß der Kartograph
die Buchstaben entsprechend seinem Wunsche anordnet:
er erhält das Resultat sofort vor Augen. Dieses
Beispiel erläutert die Grundidee des Systems, das
auf dem Dialog Mensch/Maschine beruht und bereits
heute große Dienste leistet.

23. Boyle, A. R.
    Equipment for Spatial Data Processing
    Geographical Data Handling. Symposium Edition,
    Ottawa, August 1972, Vol. II
    Bei der Diskussion über den Einsatz einer elektro-
    nischen Datenverarbeitungsanlage sollte berücksich-
    tigt werden, kartographische Darstellungen ent-
    sprechend den Anforderungen in verschiedenen Genau-
    igkeiten und Qualitäten zu ermöglichen. Kataster-

karten erfordern z.B. eine hohe Genauigkeit, während
thematische Karten mit weit geringerer Genauigkeit
akzeptiert werden können. Als ideal bezeichnet es
Boyle, wenn ein automatisches Kartographiesystem
die Möglichkeit bietet, für die jeweilige Qualitäts-
anforderung die geeignete Hardware einzusetzen. In
Zukunft werden auch Anlagen für die geographische
Datenkommunikation erforderlich sein.
Abschließend weist der Verfasser auf die Bedeutung
des Zusammenspiels zwischen Hard- und Software hin,
woraus er folgert, daß Überlegungen zur kartographischen Programmierung im Zusammenhang mit der
Diskussion über die Anlagen durchgeführt werden
müssen.

24. Brassel, Kurt
   Darstellungsversuche mit dem datengesteuerten
   Schnelldrucker
   "Kartographische Nachrichten", 21. Jg. (Okt. 1971),
   H. 5, S. 182 - 188
   Um über die Eigenschaften von Schnelldruckerdar-
   stellungen etwas Klarheit zu erhalten, wurden einige
   Versuche angestellt. So wurde ein Katalog sämtlicher
   Signaturkombinationen sowohl in zwei- wie auch in
   dreifachem Übereinanderdruck erstellt, aus dem nun
   sowohl in bezug auf Helligkeit als auch auf Form
   Beispiele ausgewählt werden können.
   Aus der Untersuchung der Signaturformen (Textur)
   sind einige wenige Beispiele ausgewählt und thematisch zusammengestellt. Mit Hilfe umfassender thematisch geordneter Signaturkataloge kann für die
   Darstellung eines Landschaftselementes eine Bildsignatur mit gewünschter Helligkeit und Form ausgewählt und so rasch eine Karte zusammengestellt
   werden. Statt des üblichen Zeilenvorschubs von
   6 Zeilen pro Inch empfiehlt es sich, für graphische Darstellungen die enge Zeilenschaltung (8 Zei-
   len/Inch) zu wählen: Da die weißen Zwischenbalken

nicht mehr stören, wirkt die Darstellung geschlos-
sener, und das Grauspektrum kann wesentlich ver-
größert werden.
Durch kreuzweise Anordnung farbiger Streifen von
Durchschlagpapier (erster Durchgang horizontale
Anordnung, dann vertikal) wurden quadratische Farbmustertafeln hergestellt. Sie dienten zur Erprobung der Farbeffekte und halfen bei der Auswahl
der Zeichenkombinationen für die verschiedenen
Farbauszüge der beschriebenen Farbkarten.

Schließlich wurde noch versucht, durch Variation
der Maschenweite des Grundlagenrasters und der
Zahl der Signatureinheiten pro Informationseinheit
Generalisierungen und Kornvariationen zu simulieren.

Alsdann konnte an die Erstellung der Farbdrucke
herangegangen werden. Es wurde versucht, möglichst
ohne Variation der Signaturform eine Darstellung
der Landnutzung in den von der WLUS-Kommission
der IGU empfohlenen Farben zu erstellen (IGU 1952).
Die Auswahl der verschiedenen Signaturkombinationen
für die einzelnen Farbauszüge setzt einige Erfahrung
und Sorgfalt voraus. Trotzdem ist es nicht zu vermeiden, daß erst nach mehrmaligen Verbesserungen
das angestrebte Bild erreicht wird. Das angewandte
System hat aber den Vorteil, daß der Kartenautor
mit geringem Aufwand ein farbiges Exemplar zur
Hand hat und ohne zeitraubende Anfertigung von
Farbplatten und kostspieligen Andrucken sich von
der entworfenen Karte ein Bild machen und Verbesserungen anbringen kann.

25. Brassel, Kurt
    Landnutzungsaufnahmen mit Hilfe von Stichproben-
    methoden: Beispiel Borgo a Mozzano.
    (Diplomarbeit), Geogr. Inst. Universität Zürich,
    1969
    Die Verwendung von Stichprobenmethoden und die
    Benutzung von Datenverarbeitungsmaschinen ermög-

lichen es, Landnutzungsaufnahmen mit neuem, ratio-
nelleren Methoden durchzuführen. Statt einer Detail-
datierung wird an ausgewählten Punkten die Landnutzung registriert und zusammen mit den Koordinatenangaben der Punkte gespeichert.
Die   gesammelten Informationen können dann je
nach Bedarf zu Statistiken oder Karten etc. verarbeitet werden. Stichprobendaten können aus
- bereits vorliegenden Landnutzungskarten
- Luftbildern
- direkt aus dem Gelände
gewonnen werden.

Die vorliegende Arbeit befaßt sich mit dem Zeitaufwand und der Genauigkeit von Stichprobenaufnah-
men. Im besonderen werden
- der Zeitaufwand und das Vorgehen bei Stichproben-
  aufnahmen im Gelände
- die Zuverlässigkeit von Stichproben
untersucht, wobei die Erstellung einer Statistik
im Vordergrund des Interesses steht.

26. Brassel, Kurt
    Modelle und Versuche zur automatischen Schräg-
    lichtschattierung
    Dissertation Univ. Zürich (noch nicht erschienen)
    Ausgangspunkt dieser Arbeit sind die traditionellen
    Methoden zur Erstellung von Schräglichtschattierun-
    gen, wie sie z.B. E. Imhof in seiner 'Kartographi-
    schen Geländedarstellung' beschrieben hat. Es wird
    hier versucht, handschattierte Reliefzeichnungen
    mit dem Computer zu imitieren, indem objektivier-
    bare Tätigkeiten des manuell arbeitenden Karto-
    graphen mit Modellen erfaßt, dabei aber Möglich-
    keiten für subjektives Gestalten offengelassen
    werden.
    Die Untersuchungen stützen sich auf die verschie-
    denen Arbeiten von Yoeli. Wie bei diesem werden

rasterbezogene Höheninformation benutzt, einzelne
Flächenelemente herausgegriffen, mit einem in der
Richtung festgelegten Lichtstrahl beleuchtet und
auf rechnerischem Wege aus dem Winkel zwischen
Lichtrichtung und Flächennormale ein Helligkeits-
wert bestimmt. Diese berechneten Helligkeiten werden
anschließend auf dem Schnelldrucker dargestellt.

Um beim Schattieren subjektive Gesichtspunkte berücksichtigen zu können, werden außer dem Höhenko-
tenraster digitalisierte Kanteninformationen verwendet. Diese entsprechen - in vereinfachter Form -
der bei der Handschummerung angefertigten Gerippe-
linienzeichnung und sollen die charakteristischen
Kanten des Geländes enthalten. Durch Gewichtung
der einzelnen Linienzüge hat man die Möglichkeit,
einzelne Kammlinien zu betonen und andere abzu-
schwächen.

Diese Kanteninformation wird abgespeichert und
dient dann dazu, die Richtung des Lichtvektors,
der die einzelnen Flächenelemente beleuchten soll,
lokal an die Geländeform anzupassen. Daneben werden
diese Kanten dazu verwendet, um aus grobmaschigen
Höhenkotenrastern feinmaschige zu interpolieren.
Die entsprechende Interpolationsprozedur ist so
angelegt, daß das resultierende Geländemodell bei
Kantenlinien schroffe Umbiegungen, an allen anderen
Stellen weiche Übergänge aufweist. Da die Kantenlinien subjektiv gesetzt werden, liegen in dieser
Interpolation gewisse Generalisierungsmöglichkeiten.
Kantenlinien, die nicht in der Gerippelinienskizze
enthalten sind, werden abgerundet, und zusammen-
hängende Flächen werden ausgeglättet.

27. Bydler, Roger; Norrman, Staffan
    National Swedish Road Administration
    Road Data Bank Tests Aimed at Traffic Simulation,
    July 1969

    Beschrieben wird der Aufbau einer Straßendatenbank,
    die Angaben über das Straßennetz und den Verkehr
    enthält.

    Alle Angaben werden durch geographische Koordinaten
    lokalisiert. An das Informationssystem ist ein
    automatisches Zeichengerät (Kongsberg) angeschlossen,
    mit dem z.B. das Straßennetz, auch auszugsweise,
    gezeichnet werden kann.

28. Christ, F.
    Untersuchung zur Automation der kartographischen
    Bearbeitung von Landkarten
    "Nachrichten aus dem Karten- und Vermessungswesen"
    Reihe I: Deutsche Beiträge und Informationen, H. 41
    (1969), S. 1 - 114

    Es werden Ziele und Aufgaben sowie heutige Möglich-
    keiten und Systeme für eine Automation kartographi-
    scher Arbeitsprozesse untersucht. Dabei werden im
    einzelnen folgende Ziele behandelt:
    - die Rationalisierung der kartographischen
      Arbeitsprozesse,
    - die Aktualisierung des Karteninhaltes,
    - die Objektivierung des Kartenentwurfs und der
      Generalisierung,
    - die Verbesserung der Aussagemöglichkeit von Karten,
    - die numerische Erschließung der analogen Karte,
    - die Verbesserung der Arbeitsbedingungen karto-
      graphisch tätiger Menschen.
    Danach wird eine Reihe von Aufgaben aufgezeigt, die
    aus dieser Zielsetzung resultieren:
    - Teilautomation oder Automation manueller karto-
      graphischer Herstellungs- und Fortführungstätig-
      keiten,
    - Teilautomation des Kartenentwurfs und der Gene-
      ralisierung des Karteninhaltes,

- Erforschung der Auswirkungen einer Automation
  auf die Zeichenschlüssel, Darstellungsmethoden
  und Aussagemöglichkeiten von Karten,
- Entwicklung einer kartographischen Datenbank,
- die Ausbildung von Personal für die Lösung von
  kartographischen Automationsaufgaben,
- die Untersuchung der soziologischen Auswirkungen
  einer Automation auf das Berufsbild und die Ar-
  beitsbedingungen der kartographisch tätigen Menschen.

Bei der Untersuchung der heutigen Möglichkeiten und
Systeme für eine Automation kartographischer Arbeits-
abläufe werden im einzelnen folgende Punkte berührt:
- das Digitalisieren von Karten und Kartenentwürfen,
- die automatische Zeichnung, Gravur oder Lichtzeichnung von Kartenoriginalen,
- der Einsatz von elektronischen Datenverarbeitungsanlagen zur Umformung kartographischer Daten,
- die Erfassung, Verarbeitung und Speicherung von
  kartographischem Namensgut mit geeigneten Daten-
  erfassungssystemen, der automatisch gesteuerte
  Lichtsatz und die automatische Schriftplazierung.

29. Clauß, C.

Die Eingangsinformationen im Vorbereitungsprozeß
der Herstellung thematischer Karten
"Vermessungstechnik", Jg. 20 (1972), H. 5, S. 182 -
185
Als "Vorbereitungsprozeß der Herstellung thematischer Karten" kann man alle Teilprozesse und Arbeitsgänge zusammenfassen, deren Ziel es ist, die
Eingangsinformationen für die Herstellung thematischer Karten auszuwählen, zu beschaffen und inhaltlich und kartographisch aufzubereiten sowie die
Prinzipien, Methoden und Regeln für die Umsetzung
der Eingangsinformationen in das kartographische
Zeichensystem festzulegen. Zum Vorbereitungsprozeß

gehören daher folgende zeitlich vor dem Zusammen-
stellungsprozeß liegende Teilprozesse: der inhaltliche Bearbeitungsprozeß, der redaktionell-karto-
graphische Bearbeitungsprozeß und der kartographische Aufbereitungsprozeß. Die Prozesse der Bedarfs-
und Marktforschung und diejenigen der Projektierung
werden in diesen Ausführungen nicht berücksichtigt.
Die Darlegungen bauen im wesentlichen auf den Erfahrungen bei der Bearbeitung des "Planungsatlas Landwirtschaft und Nahrungsgüterwirtschaft DDR" auf.

30. Conelly, Daniel S.
    An Experiment in Contour Map Smoothing on the
    ECU Automated Contouring System
    "The Cartographic Journal", Vol. 8 (1971), Nr. 1,
    S. 59 - 66
    Es besteht weitgehende Übereinstimmung darüber, daß
    die automatische Herstellung von Isolinien von einem
    regulären Gitternetz (einer Matrix von Höhenpunkten
    einer Fläche) ausgehen muß. Selten ist dies jedoch
    verfügbar. Meistens sind nur die Höhenangaben für
    eine begrenzte Zahl von Punkten bekannt, die irre-
    gulär über den Raum verteilt sind. Deshalb ist die
    erste Aufgabe der automatischen Herstellung von
    Konturlinien die Konstruktion von regulär vernetzten
    Höhenpunkten. Eine der verbreitetsten und nützlich-
    sten Techniken dafür ist die des lokalen gewichteten
    Durchschnitts. Sowohl Harvard's SYMAP als auch
    Calcomp's GPCP verwenden Varianten dieser Methode
    mit Erfolg. Der Hauptvorteil dieser Technik besteht
    darin, daß vernünftige Höhen berechnet werden, und
    daß die interpolierte Fläche immer durch die Kon-
    trollpunkte hindurchgeht. Die absolute Übereinstim-
    mung mit den Kontrollpunkten (gemessene Höhenpunkte)
    führt jedoch oftmals zu unerwünscht unebenen Flächen.
    In vielen Fällen führt eine gewisse Glättung der
    Höhenlinien in der darzustellenden Fläche zu einer
    optisch akzeptableren, wenn auch vielleicht weniger

genauen Karte. Die ECU hat eine entsprechende Möglichkeit zur Glättung in ihr automatisches "contouring system" eingebaut. Es erlaubt dem Kartographen die Auswahl eines Glättungsfaktors zwischen
0 und 1. Zur Demonstration der Leistungsfähigkeit
dieses Programms sind Abbildungen beigefügt.
Das automatische "contouring system" der ECU wird
beschrieben.
Ebenso wird die speziell von der ECU verwendeten
Interpolationstechnik erläutert (Weighted Average
Interpolation).

31. Coppock, J. T.
    An Agricultural Atlas of Scotland
    "The Cartographic Journal", Vol. 6 (1969), S. 36-46
    1966 wurde mit den Arbeiten an einem landwirtschaft-
    lichen Atlas von Schottland begonnen. Wegen der
    Unzahl von Daten, deren Verarbeitung jeden Karto-
    graphen überfordern würde, muß in den meisten Fäl-
    len die Verteilung bestimmter Merkmale durch Karten
    dargestellt werden, um bestimmte Probleme überhaupt
    darstellen zu können.
    Für die Berechnung von Dichtewerten, Verhältnissen
    und anderen Beziehungen zwischen den Daten für 557
    Flächeneinheiten bediente man sich eines Computers,
    ebenso wie für die kartographische Darstellung der
    Daten.
    Für die Herstellung der Karten wurden Gemeindemit-
    telpunkte bestimmt, an deren Stelle entsprechende
    numerische Werte gedruckt wurden. Nach der Festle-
    gung von Klassenintervallen wurde über diesen Out-
    put eine Grenzlinienkarte gelegt, um die Gemeinden
    entsprechend ihrer Klassenzugehörigkeit zu markieren.
    Da diese Methode recht zeitaufwendig und fehleran-
    fällig war, wurde das Programm Camap geschrieben.
    Es erlaubt die Herstellung von Choroplethenkarten
    in einem festen Maßstab.

32. Coppock, J.T.

Intensivierung von thematischen Karten, die mit
Zeilendruckern hergestellt werden.
"Nachrichten aus dem Karten- und Vermessungswesen",
Reihe I: Originalbeiträge, H. 59 (1972), S. 45

Coppock erläutert unter Hinweis auf die Ergebnisse
der von ihm in Edinburgh durchgeführten Versuche
die verschiedenen Vor- und Nachteile der von Zeilendruckern hergestellten Karten.

Er weist auf die verhältnismäßig niedrigen Kosten
solcher Karten und auf die Leichtigkeit ihrer Herstellung durch Personal, das in der Programmierung
mehr oder weniger erfahren ist, hin und erläutert
dann die Eignung von Zeilendruckern für die Herstellung von Karten statistischer Daten, für die
die geographische Lage der Informationen nur annähernd genau ist. Dann werden einige Methoden erwähnt, mit denen es die Nachteile bei der Benutzung
/möglich ist.
von Zeilendruckern in der Kartographie zu verringern
oder zu vermeiden. . Dabei handelt es
sich im besonderen um die Verbesserung der Konturen
mit Hilfe der photographischen Verkleinerung und
um die Gleichmäßigkeit der Flächenfarben durch die
Benutzung von doppeltem Papier mit dazwischen
liegendem Kohlepapier. Bei höherer Kartenauflage
können Grundkarten vorgedruckt, Masken vorgesehen
und Farben benutzt werden.

33. Council of Europe

Cartography and Regional Planning - Automated
Cartography
(European Conference of Ministers responsible for
Regional Planning, 2nd session, la grande motte,
25. - 27. September 1973) National Reports, Stras-
bourg 1973

Der Bericht faßt die Darstellungen der einzelnen
Mitglieder der Konferenz über die automatische
Kartographie zusammen, wobei darauf hingewiesen
wird, daß nur ein grober Überblick gegeben werden
kann, weil der Grad der Detailliertheit in den

Nationalberichten stark schwankt. Aus diesem Grunde
ist dem Bericht eine Zusammenfassung vorangestellt.
Mit deren Hilfe ist ein Vergleich zwischen den in
den verschiedenen Ländern angewendeten Methoden
erst möglich. Die Zusammenfassung enthält für jedes
Mitgliedsland folgende Angaben:
- finanzierende Organisation eines Projektes
- durchführende Organisation eines Projektes
- Projektbeschreibung
- Verwendung eines/welchen Datenbankkonzeptes
- Beschreibung der Datenbasis
- Beschreibung des Outputs
- verwendete Computer und Ausgabegeräte
- gegenwärtiger Stand des Projektes

Mit Hilfe dieser Systematisierung wird der Stand
der Automation in der Regionalplanungskartographie
in Europa beschrieben, wobei für folgende Länder
Informationen vorliegen:
Belgien, Finnland, Frankreich, Bundesrepublik
Deutschland, Dänemark, Niederlande, Norwegen,
Schweden, Schweiz, Vereinigtes Königreich von
England, Jugoslawien.

34. Council of Europe
Cartography and Regional Planning - Base Maps
(European Conference of Ministers responsible for
Regional Planning, 2nd session, la grand motte,
25. - 27. September 1973) National Reports (CEMAT
(73) BP 6), Strasbourg 1973
Der Bericht befaßt sich einleitend mit den Anforderungen, die von der Regionalplanung an die (thematische) Kartographie gestellt werden. Soziale
und ökonomische Umwälzungen, wissenschaftlicher
und technischer Fortschritt und das Erscheinen
des Computers haben die Kartographen vor neue
Probleme gestellt und dazu geführt, daß sich die
Kartographie gegenwärtig in einem Übergangsstadium
befindet.

Die quantitative und qualitative Zunahme von Informationen und die Geschwindigkeit, mit der dank
der Computertechnik entsprechende Auswertungser-
gebnisse vorliegen, führen zu einer Ausweitung der
Kartographie und der Visualisierung.
Die Kartographen sehen sich deshalb vor das Problem
gestellt, eine ungeheuer wachsende Zahl von Para-
metern in die kartographische Arbeit einbeziehen
zu müssen. Unter allen thematischen Karten wird
der analytischen Karte eine besondere Bedeutung
beigemessen.
Im vierten Teil des Berichts werden die Grundkarten
der verschiedenen Länder für die Regionalplanung
vorgestellt, die an der Konferenz teilgenommen
haben. Kurze Hinweise auf den Stand der Automation
in der Regionalplanungskartographie sind jeweils
angefügt.

35. Council of Europe
Cartography and Regional Planning - European
Co-operation in the Field of Regional Planning
Cartography, Statistics and Terminology
(European Conference of Ministers responsible for
Regional Planning, 2nd session, la grand motte,
25. - 27. September 1973) Conference Report pre-
sented by the Netherlands Delegation, Strasbourg
1973

Der vorliegende Bericht über die europäische
Kooperation in den Bereichen Kartographie, Statistik und Terminologie innerhalb der Regionalplanung
umreißt die Aktivitäten der Arbeitsgruppe "Kartographie" des Komitees, die mit der Vorbereitung
der zweiten europäischen Konferenz der Minister
für Regionalplanung beauftragt war. Ihre Hauptaufgabe war es, die Grundlage für eine europäische
Kooperation in den obengenannten Bereichen zu
schaffen. Die seit 1971 tätige Arbeitsgruppe hat
mit der technischen Kooperation in diesem Bereich
begonnen ebenso mit der Analyse des Bedarfs und
der Probleme der künftigen gemeinsamen Arbeit.

Der Bericht gibt einen Überblick über den gegenwärtigen Stand der Anwendung der Kartographie für
die Regionalplanung (regional-planning) in den
verschiedenen Ländern (Maßstab, zugrundeliegende
administrative Einheiten, Darstellungsinhalte,
Harmonisierung von Begriffen und statistischen
Grundlagen). Die thematische Kartographie spielt
bei dieser Darstellung eine hervorgehobene Rolle.

Auf die Notwendigkeit und die Möglichkeiten der
Automation in der Kartographie wird allgemein eingegangen. Aufgrund des derzeitigen Standes der
Automation im Bereich der Kartographie in den verschiedenen Ländern wird die Möglichkeit einer
Harmonisierung dieser Entwicklung, deren Notwendigkeit besonders betont wird, positiv beurteilt.

Um eine europäische Kooperation im kartographischen,
statistischen und terminologischen Bereich der
Regionalplanung zu erreichen, wurde ein Arbeits-
programm aufgestellt. Langfristig wird die Einrichtung eines "Zentrums für europäische Regionalplanungskartographie" für notwendig gehalten. Des weiteren wird langfristig die Einrichtung eines Instituts für "Europäische Themakartographie" vorgeschlagen. Zusätzlich wird die Durchführung europäischer Seminare über Kartographie und Regionalplanung vorgeschlagen. Das 1. Seminar könnte 1975 am
Internationalen Institut für Luftvermessung und
Erdwissenschaften (ITC) in Enschede in den Niederlanden stattfinden.
Der Anhang enthält:
1. Eine Serie vorgeschlagener europäischer Themakarten
2. Eine Bibliographie über Wörterbücher zur Regionalplanung mit Berücksichtigung der Kartographie
3. Kurz-, mittel- und langfristige Arbeitsprogramme.

36. Informationsverarbeitung in Planung und Verwaltung.
      Ergebnisbericht über das P.T.R.C. + DATUM Symposium
      vom 30. März - 2. April 1971 in Bonn. Veröffentlicht
      von DATUM,Dokumentations- und Ausbildungszentrum
      für Theorie und Methode der Regionalforschung e.V.,
      Bonn. Bonn o. J.

      Dieser Sammelband enthält eine Reihe von Beiträgen
über Informationssysteme für die öffentliche Verwaltung, die zum Teil eine kartographische Ausgabe
der Daten vorsehen. Obwohl über die Herstellung von
Karten kaum Einzelheiten enthalten sind, wird ein
Überblick über bereits realisierte oder in der Test-
phase befindliche Informationssysteme einschließlich
der angestrebten Möglichkeiten der kartographischen
Datenausgabe gegeben.

37. Davies, Ross
      Computer Graphic Techniques in Planning.
      The Journal of the Department of Country Planning
      in the University of Newcastle upon Tyne
      "Planning Outlook", Vol. 8 (1970), S. 24 - 39
      Davies beschreibt eine Reihe von graphischen Com-
putertechniken, um zu demonstrieren, welche Arten
von Karten und Diagrammen sowohl mit kleinen Maschinen als auch mit beschränkten sonstigen Mitteln
hergestellt werden können. Dabei wird von den drei
Grundmöglichkeiten für die kartographische Ausgabe
ausgegangen: Punktkarten, schattierte Dichtekarten
und Häufigkeitsdarstellungen.

38. Determann, Dietrich
Programmsystem zur maschinellen Kartierung (Kartierprogramm), 2. Fassung, hrsg. von der Stadt
Stuttgart – Bürgermeisteramt, Referat Städtebau,
12. Juli 1971

Das Programmsystem hat die Funktion, statistische
Karten mit Hilfe des Druckers zu erstellen. Die
Flächen der Beobachtungseinheiten (z.B. Baublöcke)
werden dabei mit mehr oder weniger dunklen Zeichen
(z.T. in mehreren Druckgängen) aufgrund eines festen
Zeilenbeschriebes bedruckt. Die Wahl der Zeichen
geschieht entsprechend der Höhe des darzustellenden
Wertes aufgrund der maschinellen Klasseneinteilung.

39. Determann, Dietrich
Programmsystem zur maschinellen Kartierung (Kartier-
programm), 3. Fassung. EDV für Planungsinformationen.
Stadtplanungsamt Stuttgart, Abt. Städtebauliche
Grundlagen und Stadtentwicklung, März 1973, S. 1 - 11

In den vergangenen vier Jahren wurde vom Stadtplanungsamt Stuttgart aus und für die Arbeit des Stadt-
planungsamtes die EDV für die Informationsgewinnung
verstärkt eingesetzt. Hier wird eine zusammengefaßte
Dokumentation des Teils der Programme vorgelegt,
die sich mit der Aufbereitung der Daten im weitesten Sinne befassen. Die meisten Programme wurden
vom Verfasser selbst bearbeitet.

Weitere, zum großen Teil schwerpunktmäßig außerhalb
des Stadtplanungsamts bearbeitete Programme befassen
sich mit Bevölkerungsprognosen (Stat. Amt), mathe-
matisch-statistische Berechnungen (Hauptamt, Abt.
Datenverarbeitung (PL/I) und Stadtplanungsamt
(FORTRAN) sowie mit Unterstützung der Verkehrsplanung (Hauptamt, Abt. Datenverarbeitung).) Die ein-

zelnen Beschreibungen sind im wesentlichen nach
einem einheitlichen Schema aufgebaut·

.40. Diello, J.; Kirk, K. und Callander, J.
         The Development of an Automated Cartographic System
         "The Cartographic Journal", Vol. 6 (1969), S. 9-17
         Das Automatische Kartographische System (ACS) um-
         faßt:
         a) möglichst weitgehende Mechanisierung unter
            Computerkontrolle
         b) ein System von Computerprogrammen für dieses
            mechanisierte System
         c) die Anwendung von methodischen, wissenschaftlich
            begründeten Regeln und Verfahren, welche letzt-
            lich zur Entwicklung einer kartographischen
            Datenbasis führen, die optimal für die Maschinen-
            verarbeitung geeignet ist.

Das Automatische Kartographische System (ACS) soll
die Möglichkeit schaffen, rasch die zeichnerische
Darstellung von graphischem Manuskriptmaterial für
die Negative der Farbauszüge zu gewährleisten.
Darüber hinaus soll eine kartographische Datenbank
errichtet werden, um insbesondere die Zusammenstellung und Veröffentlichung kartographischer Produkte
in wenigen Wochen zu ermöglichen. Das Gesamtver-
fahren wird erläutert und durch Datenflußpläne
dargestellt.
In diesem System ist das gesamte Herstellungsverfahren automatisiert. Z.B. werden Linien einschließlich der Linienstärke, also der Bedeutung der Linien,
automatisch hergestellt, wobei Plotter verwendet
werden. Ein automatisches Farbabtastgerät wird
dafür eingesetzt, das Manuskriptmaterial abzutasten
und die entsprechenden Informationen zu entnehmen,
um sie dem Computer zur weiteren Verarbeitung zur
Verfügung zu stellen.

Verschiedene Zwischenergebnisse wie z.B. die ge-
rasterten Flächen, Liniendarstellungen oder Farbauszüge können maschinenintern zusammengefügt werden
und für Kontrollzwecke vor der endgültigen Zeichnung
ausgegeben werden. Entsprechende Prüfverfahren
können angeschlossen werden.
Die Phase 1 des ACS wird 1970 implementiert und
demonstriert werden. Der detaillierte Entwurf und
die Implementation einer experimentellen kartographischen Datenbank, die sowohl eine digitale als
auch eine analoge Datei enthält, ist für 1969 vorgesehen.

41. Dixon, O. M.
Methods and Progress in Choropleth Mapping of
Population Density
"The Cartographic Journal", Vol. 9 (1972), S. 19-29
Der Autor untersucht die Choroplethen-Methode einschließlich verschiedener vorgeschlagener Modifikationen unter besonderer Berücksichtigung der kartographischen Darstellung der Bevölkerungsdichte
sowie die dafür gegebenen Möglichkeiten der Automatisierung. An Hand eines konkreten Testgebietes
(Midhurst, West Sussex) werden die Ergebnisse vorgeführt.
Das verwendete Programmsystem besteht aus einer
Reihe von Unterprogrammen und ist in FORTRAN IV
für einen ICL-Computer 4130 geschrieben. Ausgabegerät ist ein ICL-Trommelplotter. Ein Unterprogramm
übernimmt z.B. die Bildung geeigneter Klassenintervalle, ein anderes führt die Gittergeneralisie-
rung bzw. die Punktzellenbildung durch. Grundlage
für alle Beispiele sind Punktkarten.

42. Eckhart, David; Kubik, Kurt
AUDIMAP - A Programme System for Automatic Digital
Mapping
"Kartografie". Mededelingen van de Kartografische
Sectie van het Koninkljk. Nederlands Aardrijkskundig
Genootschap, No. 58, Mei, 1972, pp. 298 - 303
Es wird ein Überblick über ein integriertes Pro-
grammsystem für die digitale Kartographie[1] gegeben,
[1] siehe folgende Seite

das in den verschiedensten Institutionen Hollands
angewendet wird. Struktur und Elemente des Programmsystems werden beschrieben und die Erfahrungen mit
seiner Anwendung in den verschiedensten Wissen-
schaftsbereichen wird wiedergegeben. Die Anwendung
des Programmsystems umfaßt die Kartenherstellung
von Luftbildern, die Vermessung des Kontinentalschelfs, die Vorbereitung von Bodenkarten und die
Anfertigung von thematischen Karten für die Sozialwissenschaften und die Wirtschaftsgeographie.

Das System AUDIMAP leistet folgende Grundoperationen:
Zeichnung des Kartentitels, des Randes und der
Netzlinien auf dem Kartenblatt - Die Umrechnung der
Koordinatendaten in das Kartensystem - Die Zeichnung
von Geradenabschnitten und wahlweise die Interpolation von zwischen den Linien liegenden Punkten, um
die Kurve zu glätten - Die Zeichnung der Legenden-
symbole - Die Zeichnung von Texten in verschiedenen
Richtungen - Das "Schneiden", eine Möglichkeit, um
sicherzustellen, daß der Kartenrand während des
Zeichnens nicht überschritten wird. - Wahlweise
weitere Operationen auf Wunsch des Anwenders, z.B.
für die thematische Kartographie und die Flächen-
darstellung.

Die einzelnen Programmteile sind durch das Daten-
management-System miteinander verbunden; es stellt
sicher, daß die richtigen Daten mit dem passenden
Modul verarbeitet werden. - Die zu zeichnenden

---

1) Entsprechend der allgemeinen Definition, wonach
   man unter "Digital" die Darstellung durch einen
   vereinbarten Satz von Zeichen versteht, die der
   darzustellenden Größe durch einen Code zugeordnet sind, wäre unter digitaler Kartographie die
   Kartenherstellung unter Verwendung vereinbarter
   Zeichen-/Kartenelemente zur kartographischen
   Darstellung von Informationen zu verstehen.

Daten stellen den Input für das Programmsystem dar.
Durch einfache Instruktionen kann der Anwender den
"normalen" Berechnungsablauf derart verändern, daß
er seinen speziellen Anforderungen entspricht.

Die Anwendung des Programmsystems in seiner allgemeinen Form für viele Aufgaben der digitalen Kartographie umfaßt die Herstellung von:
- geologischen und geochemischen Karten - Bodenkarten - Navigations-Seekarten und die Zeichnung von
Schiffskursen für den holländischen Kontinental-
schelfgürtel (Decca-Koordinatennetz über konven-
tionellem Kartennetz) - thematischen Karten für
die Natur- und Sozialwissenschaften - großmaßstäbigen Karten für Aufgaben der Geodäsie und der
Ziviltechnik.

Werden in speziellen Anwendungsfällen hohe Stück-
zahlen hergestellt, kann das allgemeine Programm-
system abgewandelt werden in ein benutzerorientier-
tes Anwendungsprogramm mit benutzerorientiertem
Input und entsprechendem Verarbeitungsfluß.

43. Edson, Dean T.
 Automatic Thematic Mapping in the Eros Program,
 maschinenschriftliches Manuskript, U.S. Geological
 Survey, Topographic Division, McLean, Virginia o.J.
 Der Beitrag beschreibt ein Verfahren zur Auswertung
 von Fernerkundungsaufnahmen (einschl. Luftbilder
 und Satellitenbilder).

Auf Filmmaterial wird ein Abbild der Wirklichkeit
durch Dichteunterschiede, und zwar durch verschiedene Graustufen bzw. Farbstufen erzeugt. Durch bestimmte Techniken werden sowohl Grau- als auch
Farbtöne in Graustufen umgewandelt.

Da man von gewissen Erscheinungen der Erdoberfläche
diese Graustufen bzw. deren Kombinationen kennt,
können somit aus einem Gesamtbild einzelne Bereiche
(Themen), z.B. Wasser, Schnee und Eis, bestimmte

Vegetationen usw. ausgefiltert werden (Themaextrak-
tion). Dieser Prozeß wird mit Hilfe der EDV automatisch durchgeführt. Er umfaßt die Umwandlung in
Graustufen, die Erzeugung von Filtermasken für
die Themenextraktion, die Digitalisierung und Ab-
tastung einschließlich Speicherung eines Bezugs-
systems (UTM-Gitter), interaktive Korrektur und
digitale bzw. photomechanische Ausgabe.

44. Ernst, Rainer, W.; Schraeder, Wilhelm F.; Pape, Siegfried, W.
    Strukturatlas I
    Statistische Sonderberichte der Stadt Witten, Nr.16,
    Juli 1972

    Mit diesem Strukturatlas wird erstmalig eine
    kartographisch aufbereitete strukturelle Gliederung
    des Wittener Stadtgebietes nach kleinen Gebietsein-
    heiten vorgelegt. Aus den Ergebnissen der Gebäude-
    und Wohnungszählung 1968 und der Arbeitsstättenzäh-
    lung 1970 wurden Merkmalskombinationen ausgewählt,
    die die sozialplanerisch relevanten Abweichungen
    der Entwicklung in den einzelnen Stadtteilbezirken
    aufzeigen.

    Die Herstellung dieser Strukturkarten geschah in
    der Absicht, die Möglichkeiten der computerkarto-
    graphischen Auswertung umfangreichen Datenmaterials
    darzustellen. Diese Veröffentlichung soll als An-
    regung dienen. Tatsächlich handelt es sich um eine
    Versuchsserie, die analysiert und interpretiert
    wird, aber mit der nicht beabsichtigt war, einen
    Beitrag zur erkenntnistheoretischen Problematik
    der Stadtforschung als Basis der Stadtentwicklungs-
    planung zu liefern. Für die Stadt Witten enthalten
    diese Karten jedoch interessante Aufschlüsse.

    Diese Form der Datenverarbeitung, die ein wichtiges
    Hilfsmittel der Stadtforschung werden kann, ist
    das Ergebnis der Zusammenarbeit mit den benachbarten
    Universitäten in Bochum und Dortmund.

Im vorliegenden Fall sind Verfahren verwendet worden, die Karten nur mit Hilfe eines Schnelldruckers
herstellen. Diese Karten sind immer thematische
Karten: Ergebnisse von statistischen Erhebungen
werden in Karten dargestellt.
Es handelt sich um Karten von den Stadtteilbezirken
der Stadt Witten mit Ergebnissen statistischer Erhebungen aus den Jahren 1968 und 1970. Die Karten
können in der gleichen Weise gelesen werden wie
andere thematische Karten, bei denen die unterschiedliche Ausprägung eines Merkmals durch unterschiedliche Farben dargestellt ist. In der Karte
"Bevölkerungsdichte in den einzelnen Stadtteilbezirken" entsprechen die dunkleren Farbtöne beispielsweise den höheren Bevölkerungsdichten.

Die Karten aus dem Computer sind nicht farbig,
zumindest die vorliegenden nicht; sie arbeiten
stattdessen mit unterschiedlichen Grautönen, die
durch Verwendung unterschiedlicher Symbole übereinander gedruckt werden können.
Die Bedeutung der Symbole kann aus der Legende
abgelesen werden, die zu jeder Karte gehört, ebenso wie ein Häufigkeitsgraph.
Die Klassengrenzen (ABSGRZ) sind in absoluten
Zahlen angegeben und gleich darunter die kumulierte
Häufigkeit in Prozent (PROZEN). Schließlich wird
noch die absolute Häufigkeit in den einzelnen Klassen ausgedruckt (BESETZ).
Welches sind die besonderen Vorzüge der Computer-
Kartographie?
Zunächst ist es möglich, die Computer-Kartographie
unter dem Gesichtspunkt der Rationalisierung am
Arbeitsplatz zu sehen. Für die vorliegenden Karten
benötigt der Telefunken-Rechner TR 440 etwa 30 Se-
kunden Rechenzeit. Das bedeutet, daß in sehr kurzer
Zeit eine große Anzahl von Karten technisch herge-

stellt werden kann, wenn alle vorbereitenden Arbeiten für die erste Karte einmal erbracht worden
sind.
Dieser Gesichtspunkt gewinnt angesichts der zunehmenden Arbeitsbelastung in den Verwaltungen
gerade im technischen Bereich an Bedeutung (Mangel
an Angestellten im technischen Dienst).
Darüber hinaus ist es möglich, die Computer-Kartographie mit anderen EDV-Verfahren zu koppeln,
wie das im vorliegenden Fall in Einzelfällen geschehen ist.
Zunächst werden zum Beispiel mit Hilfe eines mathematischen Modells unter Umständen umfangreiche Berechnungen vom Computer angestellt; die Ergebnisse
dieser Berechnungen werden dann unmittelbar als
Karten ausgegeben.
Eine große Gefahr im Zusammenhang mit der Anwendung
von computer-kartographischen Verfahren liegt darin,
daß umfangreiche sogenannte Planungsatlanten produziert werden, die dann ihren Sinn verlieren, wenn
sie mehr oder weniger zum Selbstzweck werden.
Stattdessen ist die Computer-Kartographie immer dann
ein sinnvolles Hilfsmittel, wenn sie - bestimmt vom
analytischen Vorgehen - instrumentell eingesetzt
wird.

45. Experimental Cartography Unit, Royal College of Art, London
    Automatic Cartography and Planning. December 1969
    (with addenda to September 1970). London 1971
    Die Studie untersucht die Vorteile der computerge-
    steuerten graphischen und karthographischen Dar-
    stellungsmethoden von Planungsdaten entsprechend
    den verfügbaren Geräten und Techniken für die
    Planung. Kostenvergleiche zwischen automatischem
    und traditionellem Verfahren werden durchgeführt. -
    Es wird besonders darauf hingewiesen, daß kartogra-
    phische Darstellungen von Planungsdaten für bestimmte

Zwecke innerhalb eines Zeitraums von einem Tag bis
einem Monat herstellbar sein müssen.

Die Studie enthält eine Reihe von Kartenbeispielen
zur Demonstration der Möglichkeiten der Maßstabsveränderung bzw. -wahl, der Schnelligkeit und Genauigkeit der Ergebnisse und der Vielfalt der Fragen, die durch Erstellung von Computerkarten direkt
beantwortet werden können. Zu jeder Karte werden
angegeben: Thema, Maßstab, Datenherkunft, Input-
vorbereitung, Digitalisierung, Korrektur, Output,
aufgewendete Maschinen- und Personalzeiten.

Die Kartenbeispiele entstammen drei Bereichen:
Flächennutzung, Steuer-Schätzwerte (rateable value),
Bevölkerung.

Folgende Themen (Verfahren, Techniken, Geräte) werden kurz dargestellt:

- Luftbildaufnahmen
- Orthophototechnik (produziert ein Luftbildmosaik,
  verbessert zu kartenähnlicher Präzision und Aus-
  schaltung von Verzerrungen; kann als "natürliche
  Unterlage" für andere Karteninformationen ver-
  wendet werden)
- Darstellen von Linien und Symbolen für den Farb-
  druck durch Ritzen
- Rapidograph (für Zeichnungen)
- Lichtpunktprojektor in Verbindung mit einer
  Zeichenmaschine (mit Hilfe des Lichtstrahls wer-
  den Zeichnungen auf Filmmaterial erstellt)
- CRT's (Vorteile: Schnelle Ausgabe, leichte Maß-
  stabsveränderung; Nachteile: Nur eine Farbe, keine
  Beziehungen zu Details der Grundlagenkarte, kleine
  Bildgröße, schlechte Auflösung, Kurzlebigkeit)
- SYMAP) Diese Karten sind nicht geeignet für
) die Überlagerung von Grundlagenkarten
- LINMAP)

Auf die Vorteile einer kartographischen Datenbank
wird besonders hingewiesen, weil eine normale Karte

auf spezifische Fragen oft nur sehr allgemeine
Antworten geben kann, und man zur genauen Beantwortung die vorhandenen Daten erneut durchsuchen
und verarbeiten muß, um diese Informationen in
der Karte eintragen zu können. Bei einem Datenbanksystem können die erforderlichen Daten direkt vom
Computer verarbeitet, abgefragt und ausgedruckt
werden.

Die Kartenbeispiele zeigen unter Verwendung verschiedener Geräte:

1. Die Herstellung von Farbauszügen, Grenzlinien
   und Symbolen
2. Maßstabsveränderungen
3. Verschiedene geographische Zuordnungen und
   Aggregationsmöglichkeiten
4. Symbolkarten, Konturkarten, Proximalkarten,
   Reliefkarten (flacherhabene Karten), dreidimen-
   sionale Blockdiagramme

Abschnitt 5 behandelt die Techniken und Geräte für
die automatische Kartographie in der ECU.

Neben der ausführlichen Beschreibung der Maschinen-
konfiguration der ECU werden Untersuchungen und Entwicklungen anderer Institutionen kurz vorgestellt.
Insgesamt gibt dieses Buch einen breiten Überblick
über die Kartographie mit Hilfe der EDV für die
Planung.

46. Fadiman, Jonathan R.
    Summary of Presentation to the Arbeitsgruppe
    "Automation in der Kartographie" on 28.10.1969
    (Zusammenfassung der Darstellungen in der Arbeits-
    gruppe "Automation in der Kartographie" vom 28.10.
    1969)
    "Nachrichten im Karten- und Vermessungswesen",
    R. I, Nr. 47 (1970), S. 15 - 28

    Die Firma Concord Control Inc. in Boston, USA, hat
    bereits 1961 mit der Entwicklung kartographischer
    Automationsanlagen begonnen. Der erste kartographi-
    sche Zeichenautomat wurde 1963 beim US Naval

Oceanographic Office aufgestellt und ist seit diesem Zeitpunkt ununterbrochen in Betrieb. Weiterent-
wickelte Präzisionszeichenautomaten der Firma Con-
cord Control Inc. zur Zeichnung sowie zur tangen-
tial gesteuerten Gravur und Lichtzeichnung sind
heute weitverbreitet bei Dienststellen der US Army,
Navy und Air Force. Parallel zur Entwicklung von
Zeichenautomaten wurden Koordinatenauslesesysteme
(Digitizer Systems) für komplizierte kartographische Anwendung entworfen und hergestellt, darunter
3 Grundtypen:
ein manuell bedienbarer Digitizer,
ein manuell bedienbarer Digitizer/Plotter mit einer
ausgefeilten Korrektur- und Fortführungs-Software und
ein automatischer Scanner Digitizer.
Diese Digitizer-Systeme sind bei US Dienststellen
im Einsatz.

47. Fasler, Fritz
    Die Siedlungen im nordwestlichen Kanton Zürich
    (Diplomarbeit) Geogr. Inst. Univ. Zürich, 1972
    Die vorliegende Arbeit befaßt sich mit der Aufnahme
    rasterbezogener Daten, deren Verarbeitung mit Hilfe
    der elektronischen Datenverarbeitung und der kar-
    tographischen Darstellung.
    Die Aufnahme der Daten erfolgte in Form von Über-
    bauungs- und Landnutzungskartierungen, die auf
    Lochkarten gebracht wurden. Darauf konnten dann
    Statistiken und Diagramme für die verschiedenen
    Informationen erstellt werden. Insbesondere dienten
    die Angaben über Landnutzung und Überbauung zur
    Abgrenzung von Wohngebieten und der Erstellung von
    Bevölkerungskarten.
    Die Auswertung der Landnutzung für die einzelnen
    Gemeinden führte aber auch zu einer Klassifikation
    der Gemeinden nach ihren wirtschaftlichen Verhält-

nissen. Schließlich wurden zur Überprüfung dieser
Klassifikation und als Ergänzung dazu noch weitere
Untersuchungen mittels statistischer Angaben über
Pendler, Verkehr, Erwerbs- und Berufstätige in den
Gemeinden durchgeführt. Dies führte zu einer ab-
schließenden Einteilung der Gemeinden gemäß ihrer
wirtschaftlichen und sozialen Bedeutung.

48. Fehl, Gerhard
Benutzerhandbuch für das Kartierprogramm SYMAP F.
Sonderschrift der Technischen Universität Berlin,
Lehrstuhl für Stadt- und Regionalplanung, Berlin
(1969)

Die Umwandlung des Programms SYMAP von der amerikanischen Version und die Anpassung an die Erforder-
nisse der Rechenanlage ICL 1909 der TU Berlin wurde
am Lehrstuhl für Stadt- und Regionalplanung der
TU Berlin vorgenommen.

Die Programmbeschreibung und Benutzeranleitung
wurde im Rahmen des Forschungsauftrags des Bundes-
ministers für Wohnungswesen und Städtebau
"Einsatz der EDV bei der Entwicklung und Prüfung
eines Modells zur Bestimmung des Angebots an Ge-
werbe- und Dienstleistungsflächen im Rahmen der
Stadterneuerung, dargestellt aufgrund einer Bestandsaufnahme in einem typischen Fall"
für die Anwendung des Programms bei den Untersuchungen dieses Forschungsvorhabens erstellt.

Diese zweite veränderte Auflage ergab sich aus den
Erfahrungen mit dem Programm und den dabei vorge-
nommenen Änderungen.

Das Programm wurde an der Western University,
Illinois im Jahre 1963 entwickelt. Es fand ursprünglich Verwendung bei den Geologen zur Darstellung von Gesteinsschichten und geologischen
Formationen.

Das Programm wurde 1965 - 1966 an der Harvard
University, Laboratories for Computer-Graphics von
H. T. Fischer für die Anwendung in der Geographie

und in der Stadt- und Regionalplanung weiterentwickelt. Die vorliegende Version des Programms
baut auf der SYMAP-Version III vom Sommer 1966 auf.

Die Beschreibung bezieht sich auf SYMAP F, eine
Weiterentwicklung für das Rechenzentrum der TU,
Berlin, Umarbeitung durch R. C. Ronke, in Abstim-
mung mit G. Fehl.

Die ursprüngliche SYMAP-Version III ermöglichte
zwei unterschiedliche Formen der Kartierung:
- Feld-Darstellung und
- Höhenschichten-Darstellung.
Die Höhenschichten-Darstellung wurde bei dem vor-
liegenden Programm, Version SYMAP F, herausgenommen;
sie wird jedoch in der Version SYMAP H zusätzlich
zur Feld-Darstellung zur Verfügung stehen. Das
Programm ist in FORTRAN-IV ursprünglich für eine
IBM 7094 geschrieben, es läuft in der vorliegenden
Form auf einer ICL 1909.
Bei der hier vorliegenden Version SYMAP F für Feld-
Darstellung werden Daten bestimmten, vorher im Grund-
karten-Layout festgelegten Bezugsflächen zugeordnet;
diese Bezugsflächen (Grundstücke, Straßenblocks,
Gemeinden, Ländern etc.) werden, den Datenwerten
entsprechend, mit Schattierungen ausgedruckt. Ein
Grundkarten-Layout einer beliebig gewählten Karte
ist als Grundlage für den Ausdruck nur ein einziges
Mal herzustellen. Das Layout besteht aus der Defini-
tion der einzelnen Bezugsflächen und beliebig ein-
zutragender Beschriftung (Legenden). Eine wichtige
Beschränkung des Programms besteht in der maximalen
Anzahl der Bezugsflächen von 500 für jedes Grundkarten-Layout.

49. Fehl, Gerhard
Das Kartierprogramm SYMAP-F — Technik, Methoden,
Anwendung. Datenverarbeitung in der Stadt- und
Regionalplanung.
Schriftenreihe des Deutschen Rechenzentrums,
Oktober 1969, Heft S-10, S. 18 - 21

Das Kartierprogramm SYMAP-F wurde an der Technischen
Universität Berlin aus der Harvard-Version weiter-
entwickelt (die Harvard-Version steht am Deutschen
Rechenzentrum zur Verfügung). Es läuft an der TU
Berlin auf einer ICL 1909 im Rahmen des Programm-
Systems SUPRA. Die TU-Version ist beschränkt auf
Felddarstellung, die Höhenschichten (Isoflächen)-
Darstellung wird in einer zusätzlichen Version
SYMAP - H zur Zeit ausgearbeitet.

Das Kartierprogramm arbeitet zur Ausgabe von statistischen Karten ausschließlich mit dem Zeilendrucker; hieraus resultieren Beschränkungen hinsichtlich Art und Umfang der Darstellungen. Von
seiten des Programms bestehen keine Beschränkungen
weder im Hinblick auf die Zahl der Bezugseinheiten
noch im Hinblick auf die Größe der Karten. Die
Beschränkungen sind lediglich in dem Kostenaufwand
für die Erstellung großer Darstellungen zu suchen,
sowohl hinsichtlich Layout-Erstellung als auch Druck-
zeit.

Es können Karten jeden Maßstabs und für jede regionale Stufe erstellt werden: Grundstückskarten,
Blockkarten, Straßenkarten, Gemeindekarten, Kreis-
karten etc.

Breite Karten werden in beliebig vielen Bahnen ausgedruckt; diese Bahnen werden nach dem Ausdruck zu-
sammengeklebt.

Das Kartierprogramm ist speziell geeignet für die
"informale Informationsgewinnung".

Hierzu gehören:

1. Kartenausdrucke im Sinne von "Konto-Auszügen"
   für den Abruf und die Ausgabe beliebiger Informationen aus einer Datenbasis.

2. Analyse regionaler Streuung, d.h. Analyse der topologischen Beziehungen zwischen Elementen – hierzu soll das Programm TREND-SURFACE umgearbeitet werden; der Output wird dabei durch SYMAP ausgegeben.

3. Untersuchung der räumlichen Überlagerung von Phänomenen: (Necessity-Test, Rangkorrelationen, Statistische Koinzidenz).

4. Es lassen sich aus einer beliebigen Anzahl von Merkmalen gewonnene Typen ausdrucken, wobei zusätzlich für jeden Typ die Anzahl der Bezugselemente ausgegeben wird; das Verfahren erlaubt es, über die räumliche Verteilung bestimmter Typen eine Aussage zu machen.

5. Anhand von Kriterien kann überprüft werden, welche Bezugselemente diesen Kriterien entsprechen; wichtig für Selektionsentscheidungen wie sie bei der Standortplanung und der Flächendisposition vorkommen.

Vom Programm her besteht keine Begrenzung der Anzahl der Kriterien. Das Ergebnis sind Karten, die z.B. die Eignung von Flächen für bestimmte Nutzungsarten zeigen.
Das Programm eignet sich außerdem dazu, den Output von Simulationsmodellen in graphischen Reihen darzustellen.

50. Fehl, Gerhard
Das Programm-System "SUPRA"
Datenverarbeitung in der Stadt- und Regionalplanung
Schriftenreihe des Deutschen Rechenzentrums, Okt. 1969,
Heft S-10, S. 10 - 14
Das Programm-System SUPRA (System und Programme für die Regionalanalyse) wurde am Lehrstuhl für Stadt- und Regionalplanung der Technischen Universität Berlin entwickelt. Es ist auf die speziellen Bedürfnisse der "informalen Informationsgewinnung" in der Stadt- und Regionalplanung ausgerichtet. Es ist entwickelt für

einen ICL 1909 Computer mit 32K/24 Bit mit 4 Mag-
netbandstationen, 2 Magnetplatten, 1 Magnettrommel.

Das Datenbanksystem besteht aus den Komponenten
Datenbasis, Relationsbasis, Operationssystem und
Organisationssystem.
Das Operationssystem SUPRA enthält ein Programm
(TRANSFER) zur Übernahme von auf Lochkarten aufge-
nommenen Daten auf Magnetband mit anschließendem
Ausdruck des Bandinhaltes und laufender Numerierung
aller Zeilen (Lochkarten), ein Prüfprogramm (PAN)
zur Überprüfung eines Datenbestandes hinsichtlich
Spaltengenauigkeit, Reihenfolge, Vollständigkeit,
Formatgleichheit, Plausibilität und ein Korrektur-
programm (KORINA) zur Korrektur von Fehlern an
Datenbeständen und zur Fortschreibung von alten
Datenbeständen mit neuen Daten.
Alle drei Programme sind miteinander verbunden:
Als Auswertungsprogramme sind enthalten: Ein Pro-
gramm (HISTO), das für beliebige Daten und nach
beliebigen Manipulationen für jeweils eine Ergebnis-
Variable eine Häufigkeitsverteilung sowohl mit absoluten Werten als auch mit prozentualen Werten ausgibt. - Ein Tabellier- und Rechenprogramm (LARA). -
Ein Kartierprogramm (SYMAP), zu dem zwei Bedienungs-
programme gehören:
Ein Programm ANTE, durch das ein auf Lochkarten vor-
liegendes Symap-Layout auf Band übertragen und eine
Testkarte mit Eintrag von Hilfskoordinaten ausgegeben wird und ein Programm FERRFLAYOUT, durch das
ein ausgetestetes Layout so auf Band übertragen
wird, daß es zeilenweise abgearbeitet werden kann.

Allen Programmen können durch einen einfachen
Steuerkartenbefehl beliebige Lese-Subfiles zugeordnet
werden. Ein Lese-Subfile liest alle Variablen je
einer Bezugseinheit einer bestimmten Datei ein, so
daß der Benutzer sich weder um die Angabe eines

Lesebefehls noch des Formats kümmern muß. Anhand einer Dokumentation kann der Benutzer die
zur Verarbeitung herangezogenen Variablen be-
nennen und damit arbeiten.

Alle Programme arbeiten mit einer flexiblen Eingabe (FLEXIN) und können wahlweise ihren Output
auf Band übertragen, so daß der Output eines
Programms als Input für ein anderes verwendet
werden kann.

Alle Programme einschließlich Lese-Subfiles sind
auf einem Programmband (Programm-FILE) zusammengefaßt und werden nach Übertragung auf ein Arbeits-
band durch Steuerkarte READ FROM (MT, SUPRA, Name)
aufgerufen.

51. Fehl, Gerhard
Datenverarbeitung und graphische Ausgabe - Elektronische Hilfsmittel für Planer und Architekten
"der aufbau",Jg. 23 (1968), Nr. 12, S. 489-502

Ein Sachverhalt kann solange von verschiedenen
Gesichtspunkten aus betrachtet werden, bis sich
ein Zusammenhang, eine Gesetzmäßigkeit, eine
bildhafte Struktur ergibt. Beim Betrachten von
Tabellen ist dies nur in sehr begrenztem Umfang
und auch dann nur nach langer Übung möglich;
Kurven, Diagramme oder Karten ermöglichen einen
schnelleren, wenn auch oft ungenaueren Überblick
über sachliche und räumliche Zusammenhänge.

Beim Arbeitsprozeß von der Informationsgewinnung
bis zum fertigen Entwurf hat die bildhafte Darstellung folgende Funktionen zu erfüllen:

1. In ihr werden Sachverhalte systematisierbar -
zum Beispiel bei der Interpretation von Bestands-
aufnahmen durch Kartierung von Daten oder durch
Darstellung in Kurven.

2. Sie dient als Zwischenspeicherung für das
vorübergehende Festhalten eines Soll-Zustandes,
der dadurch überprüfbar und vergleichbar wird.
3. Sie dient zur Veranschaulichung von Konsequen-
zen - wie zum Beispiel der perspektivischen Darstellung aus Grundriß und Aufriß.
4. Sie dient zum Fixieren der sich bei einem grafi-
schen Simulationsprozeß in vielen Stufen ergebenden
Veränderungen, zum Beispiel bei einer Konstruktion
bei der Darstellung der Verformung unter sich än-
dernden Belastungen.

52. Fehl, Gerhard   Elektronische Hilfsmittel für Planer und Architekten
"Datenverarbeitung und grafische Ausgabe", Sonderdruck aus Bauwelt 34/1969

In einer Zusammenschau werden die 1969 gegebenen
Möglichkeiten des Einsatzes der Computer für die
Ausgabe bildhafter Darstellungen aufgezeigt. Von
den Geräten für die grafische Ausgabe (Hardware)
wird der Zeilenschreiber, der Kurvenzeichner (Plotter)
und die optische Anzeige (Optical Display)
sowie deren Funktionen und Leistungsfähigkeiten erläutert. In einem Abschnitt "Software" werden für
den Zeilendrucker Programme für Blockdiagramme
(z.B. HISTO), Kurven, Netzpläne und für die Kartierung von räumlich verteilten Daten (z.B. SYMAP)
aufgeführt. Ähnlich werden die in der Regel von den
Herstellern angebotenen Programme für den Kurvenzeichner erläutert und teilweise dargestellt.

In einem Systemvergleich werden
1. Präzision und optische Auflösung der Darstellung,
2. Interaktionsmöglichkeit mit dem Computer,
3. Arbeitsaufwand und Zeitbedarf für eine Darstellung,
4. Kosten der Geräte,

5. Verfügbarkeit von Programmen,
6. Qualifikationen für die Anwendung
geprüft.
Abschließend wird darauf hingewiesen, daß der
Computer von Architekten und Planern in den USA
und auch in Großbritannien im Vergleich zum rest-
lichen Europa bereits häufiger benutzt wird. Aber
auch dort ist die grafische Ausgabe noch weitgehend
beschränkt auf Universitäten, Forschungsinstitute
und Großfirmen. Es besteht jedoch Grund zu der Annahme, daß im Laufe des nächsten Jahrzehnts die
grafische Ausgabe eine weitere Verbreitung finden
wird.

53. Fehl, Gerhard

Karten aus dem Computer
"Stadtbauwelt", 1967, H. 13, S. 1001 - 1006
In Harvard wurde von Dr. Howard T.Fisher in
Zusammenarbeit mit Programmierern und Systeminge-
nieuren ein Programm entwickelt, das dem Computer
die entsprechenden Anweisungen gibt, statt Listen
Karten auszudrucken.
Dieses Programm - SYMAP genannt- gehört zur sogenannten 3. Programm-Generation: man übernimmt es
fertig, so wie es vom Programmhersteller entwickelt
wurde, und arbeitet damit, ohne seinen inneren
Aufbau kennen zu müssen: Man fügt seine Daten,
das auf Lochkarten übertragene Layout der zu
druckenden Karte und die Anweisungen, welche
Rechenoperationen mit den Daten ausgeführt
werden sollen, zu dem Programmpaket dazu und gibt
es in den Computer ein. Der Computer mit seiner
ungeheuren Rechen- und Arbeitsgeschwindigkeit
übernimmt alle mühselige Rechnerei und Darstellungs-
arbeit.

54. Folkers, Ingo

Automation in der Kartographie. Bericht über den
Abschnitt "Automation" der 3.Internationalen Konfe-
renz für Kartographie in Amsterdam, 17. - 22.4.1967
"Kartographische Nachrichten",Jg. 17 (1967), H.4,
S.124 - 126

Bei vielen in Vorbereitung befindlichen Automations-
projekten steht ein einleuchtendes Ziel im Hinter-
grund, das hier in Europa zu wenig verstanden wird:
So schnell wie möglich für die großen, bisher in
Karten nicht erfaßten Gebiete der Erde kartenähnliche (wie Karten zu verwenden) Produkte zu schaffen. Eine andere Aufgabe, die zwar keine Vollauto-
mation, wohl aber Teilautomation erlaubt, ist die
rasche Erneuerung oder Fortführung von vorhandenen
Karten.

Ost und West arbeiten intensiv an der Automation.
Bei Überlegungen zur Reihenfolge (Rangfolge) der
Einführung weicht man nur wenig voneinander ab. Man
stimmt überein, daß zunächst Teilgebiete automatisiert werden sollten, dann Gruppen von Arbeitsgängen
und erst später die ganze Kartenherstellung.

Die Bereitstellung der benötigten Unterlagen
(Informationen) soll in Zukunft durch organisatorisch
-technische Maßnahmen wesentlich verbessert werden.
Man beabsichtigt, Datenbanken zu errichten, die
alle für die Karten erforderlichen Informationen
bereithalten.

Da man zumeist davon ausgeht, daß die Informationen
erst einmal kartiert werden (bzw. worden sind) und
dann erst automatisch oder halbautomatisch über
"Digitizer" (Analog-Digital-Wandler) auf Magnetbänder gebracht werden, dürfte die Art der Speicherung noch zu diskutieren sein. Unzweifelhaft werden
Staaten oder Organisationen mit Datenbanken über
ein wirksames Rationalisierungs- und Beschleuni-
gungsmittel für ihre Kartenbearbeitung verfügen.

55. Furrer, G. u. Dorigo, Guido
Abgrenzung und Gliederung der Hochgebirgsstufe
der Alpen mit Hilfe von Solifluktionsformen
"Erdkunde", Jg. 26 (1972), S. 98-107

Die untere Begrenzung der Hochgebirgslandschaft im
Gebiete der Schweizer Alpen ist durch die Soli-
fluktions(unter)grenze gegeben. Diese läßt sich
anhand der Verbreitung von Girlanden und Wanderblöcken (Formen der Mattenstufe) bestimmen.

Für Verbreitungsstudien von Solifluktionsformen
hat sich die Routenkartierung als zweckmäßige
Feldmethode erwiesen.

Durch eine Route soll die gesamte potentielle Ver-
tikalerstreckung der zu untersuchenden (Soli-
fluktions-)Formtypen erfaßt werden. Auf die Relief-
verhältnisse ist insofern Rücksicht zu nehmen, als
möglichst viele Flächen von weniger als 30° Neigung
der Beobachtung zugänglich sind, weil bei stärkeren
Neigungen keine (reinen) Solifluktionsformen mehr
auftreten.

Die Routen sind so auszuwählen, daß möglichst alle
petrographischen Provinzen einer Untersuchungs-
region angeschnitten werden, weil Wechsel im
petrographischen Milieu vertikale Verschiebungen
der Solifluktions(unter)grenze bewirken können.

Auf Expositionsunterschiede braucht - sofern die
Fixierung der Solifluktionsgrenze im Zentrum der
Fragestellung steht - keine Rücksicht genommen zu
werden. Allerdings scheinen die gebundenen Solifluktionsformen auf südexponierten Hängen gehäuf-
ter aufzutreten als bei andern Auslagen. Somit
dürfen bei Südexposition mehr Einzelbeobachtungen
erwartet werden.

Aus der Felderfahrung ergab sich, daß beim Kartieren auf qualitative und quantitative Wertung
verzichtet werden darf.

Die mathematische Behandlung der kartierten Beobachtungen führt zum Schluß, daß die vertikale
Häufigkeitsverteilung der Fundstellen jedes Formtyps einer Normalverteilung entspricht. Daher
läßt sich die Kernzone der vertikalen Verbreitung
eines Formtyps aus der mittleren Höhenlage (x)
aller kartierten Fundstellen und der Streuung (S)
bestimmen. Die Kernzone umfaßt rund 70% aller
beobachteten Funde.

Die Solifluktions(unter)grenze wird als arithmeti-
sches Mittel der Kernzonenuntergrenzen ($\bar{x}$-S) von
Girlanden und Wanderblöcken errechnet. Sie liegt
in der Mattenstufe durchschnittlich 150 m über
der Waldgrenze, verläuft aber nicht parallel zu
letzterer.

Da die Solifluktionsgrenze nur das Hauptverbreitungsgebiet der Solifluktionsformen talwärts
abschließt, treten unterhalb davon in allerdings
geringer Häufigkeit auch noch Solifluktionsformen
auf (unterer Solifluktionsfleckenbereich).

Die mittlere Höhe der Solifluktionsgrenze in den
Schweizer Alpen liegt auf 2200 m; dieser Wert entspricht der mittleren Höhenlage der 0°-Jahresiso-
thermenfläche. Sie greift rd. 300 m weiter talwärts als die untere Begrenzung der Permafrost-
vorkommen.

56. Furrer, Gerhard und Fitze, Peter
    Die Höhenlage von Solifluktionsformen und der
    Schneegrenze in Graubünden.
    "Geographica Helvetica", Jg. 26, (1971)
    S. 153-159

In der vorliegenden Arbeit geht es darum, das in
den vergangenen Jahren zusammengetragene Beob-
achtungsmaterial über die Höhenlage der in unseren
Alpen am häufigsten vertretenen Typen der Solifluktionsformen nach statistischen Gesichtspunkten
zu verarbeiten. Wir möchten auf diesem Wege mit
einem Modell Auskunft erhalten über die Gliede-

rung der Hochgebirgsstufe. Bei den hierzu ver-
arbeiteten Formen handelt es sich um solche der un-
gebundenen (freien) Solifluktion in der Frostschutt-
stufe. Dies sind einerseits als Vertreter der
Großformen die Strukturböden horizontaler
oder geneigter Flächen (Hangneigung bis gegen
30°), andererseits als Vertreter der Miniaturfor-
men die Erdstreifenböden. Außerdem kommt das
Hauptverbreitungsgebiet der Girlanden in der
Mattenstufe (alpiner Rasen) zur Darstellung. Bei
diesem Formtyp handelt es sich um einen Vertreter
der (durch die Vegetation) gebundenen Solifluktionsformen. Um den Verlauf ihrer Untergrenze mit der
Waldgrenze vergleichen zu können, wird die Waldgrenze erarbeitet. Diesen beiden zuletzt genannten
Grenzflächen kommt in der Geographie große Bedeutung zu, dienen uns doch diese beiden zur Abgrenzung der Hochgebirgslandschaft, um die sich die
IGU-Commission on High-Altitude Geoecology
bemüht (Troll 1955, Furrer und Fitze 1970).

57. Gaits, G.M.
Computer-Karten für den Stadtplaner
"Deutsche Bauzeitung", Jg. 104 (1970), H. 8, S.
595-598
Die Kartierung großer Mengen statistischer Infor-
mationen durch den Computer ist ziemlich neuen
Datums. Die ersten Programme für die maschinelle
Herstellung derartiger Karten wurden erst vor
7 Jahren an amerikanischen Hochschulen entwickelt.
Prof. Horwood (University of Washington, Seattle)
und Prof. Fisher (Harvard-University, Cambridge,
Mass.) gehören zu den Pionieren auf dem Gebiet
der thematischen Computerkartographie. Das
SYMAP-Verfahren (SYnagraphic MAPping System) ist
inzwischen weltweit bekannt und wird vielseitig
angewandt. In diesem Bericht wird ein neues Kartie-

rungsprogramm vorgestellt, das LINMAP(LINe printer MAPping) genannt wird. Es wurde von der Abteilung Stadtplanung im britischen Ministerium für Wohnungswesen und Kommunalverwaltung entwickelt und soll den Nutzen und die Möglichkeiten eines Koordinatenbezugssystems für statistische Daten im geographischen Raum demonstrieren.

Jeder moderne Computer ist heute mit einem Schnelldrucker ausgestattet, der im Prinzip der wohlbekannten Büroschreibmaschine ähnelt, jedoch eine ganze Zeile in einem Zug ausdruckt - daher der Name: Zeilendrucker. Mit ihm kann man jedes Schriftzeichen oder Symbol einer gegebenen Druckkette an jeder beliebigen Stelle einer Zeile drucken. Diese Position kann vom Benutzer vorausbestimmt werden. Es können aber auch zwei oder mehr Schriftzeichen an derselben Stelle übereinander gedruckt werden. Das nennt man "overprinting". Durch "overprinting" lassen sich verschiedene Stufen einer Druckdichte bzw. Schwärzung erzeugen. Wenn man also die Position der Schriftzeichen und ihre Dichte kontrollieren kann, sind beliebige graphische Strukturen herstellbar.

58. Gaits, G.M.
Thematic Mapping by Computer
"The Cartographic Journal", Vol. 6
(1969), S. 50-68
Urban Planning Directorate of the Ministry of Housing and Local Government (Großbritannien) hat vor kurzem das Computer-Kartographiesystem LINMAP 1 (LINe printer MAPping) entwickelt, um die Anwendungen und Möglichkeiten des Koordinatenbezugssystems für die Darstellung statistischer Informationen im (geographischen) Raum zu demonstrieren. Die laufenden Arbeiten an letzterem, inzwischen sehr erweiterten System werden zusammen

mit der Entwicklung des Systems COLMAP (COLour MAPping) beschrieben. LINMAP wurde von obiger Institution als Alternativsystem zu SYMAP nach folgenden Anforderungen entwickelt: 1. einfache Anwendung ohne Computerkenntnisse der Planer, 2. Verarbeitung standardisierter Daten aus einer Datenbank, 3. Vielseitigkeit der Verwendung der Daten.

LINMAP arbeitet mit einem Koordinatenbezugssystem. Grundlagenkarten mit Angabe der Flächen- und der Bebauungszentralpunkte, der numerischen Angabe der Eckpunktkoordinaten des Kartenausschnitts und der Bezirks- und Gemeindegrenzen wurden für die Benutzung des Systems erstellt und digitalisiert. Diese Daten können mit den Censusdaten zusammengeführt, verarbeitet, geprüft und ausgedruckt werden. LINMAP erwartet die Angabe von Grenzen durch ihre Koordinaten. Eine Grenze darf bei LINMAP 3000 Eckpunkte haben (gute Approximation).

LINMAP 2 ist ein völlig neu entworfenes System. Es gestattet:
1. Die Verarbeitung von Daten aus einer oder zwei Dateien.
2. Die Herstellung von drei bzw. fünf thematischen Karten in einem Zuge.
3. Die Herstellung von
   3.1 Schwarz-weiß-Karten mit Zeichen, Zahlen und Blanks
   3.2 Farbkarten (Prozedur COLMAP) unter Verwendung photoelektronischer Setzgeräte zur Erzeugung von Farbauszügen für den konventionellen Kartendruck (3-Farbdruck, 10-Farbdruck, 1-Farbdruck in 10 Abstufungen)
   3.3 Statistiken ohne Kartenerzeugung

4. Die Wahl der Kartenform

    4.1 Rechteckig (Angabe der Eckkoordinaten)

    4.2 Rund (Angabe des Zentrums und des Radius)

    4.3 Ringförmig (Angabe Zentrum, äquidistanter Ringabstand)

Alle Möglichkeiten können miteinander kombiniert werden. Außerdem bestehen weitere Wahlmöglichkeiten bezüglich des Maßstabs, der Datenverarbeitungs-operationen, der statistischen Operationen sowie Ausgabealternativen.

59. Ganser, K.; Rase, W.; Schäfer, H.
EDV-Konzept für die Bundesforschungsanstalt für Landeskunde und Raumordnung.
"Rundbrief des Institutes für Landeskunde"
(1972) H. 2, S. 1 - 16

Die künftigen Aufgabenbereiche der BFLR konnten nur insoweit beschrieben werden, daß ausreichende Entscheidungsgrundlagen für das Hardware-Konzept abzuleiten waren. Folgende Aufgabenbereiche sollen künftig der elektronischen Datenverarbei-tung zugeführt werden:

1. Aufbau und Fortschreibung eines topographischen Informationssystems für den Aufgabenbereich der Bundesraumordnung

2. Aufbau und Fortschreibung eines problemorien-tierten numerischen Informationssystems

3. Abspeicherung von Bildinformationen auf Daten-trägern.

    Die BfLR verfügt über ein umfangreiches Archiv von Luftbildern, das durch Neuzugänge laufend erweitert und aktuell gehalten wird. Die In-formationen müssen zur Zeit bei jeder Anfrage immer wieder neu aus den Bildern gewonnen wer-den.

    Mit Hilfe der digitalen Bildverarbeitung können die einmal gewonnenen Informationen gespeichert,

transformiert und verarbeitet werden. Sie
sind für jeden künftigen Interessenten ohne er-
neute Auswertung zugänglich.

4. Aufbau und laufende Ergänzung eines Informationssystems für die Literaturdokumentation
   auf den Arbeitsgebieten der Landeskunde und
   der Raumordnung

5. Anlage und automatische Führung einer Kontakt-
   kartei

6. Durchführung statistischer Analysen und Modell-
   rechnungen

7. Automation von Themakarten

   Die BfLR ist ein beachtlicher Produzent von
   Themakarten. Die technische Herstellung von Themakarten soll künftig schneller, einfacher und
   personalsparender erfolgen. Gleichzeitig soll
   der Informationsgehalt und die Darstellungs-
   weise verbessert werden. Dabei ist insbesondere
   an die Zusammenführung von Karte, Text, Tabelle,
   Diagramm, statistische Analyse und Maßzahl gedacht. Die vorher angeführten Informationssysteme
   und die statistischen Analysen laufen hier
   zusammen. Die Karte wird aus ihrer isolierten
   Stellung als Informations- und Analysemethode
   herausgeführt werden. Gleichzeitig soll sie billiger und aktueller werden.

Gegen Ende des Jahres 1972 wird in der Bundesforschungsanstalt für Landeskunde und Raumordnung die
1. Ausbaustufe eines dreistufigen Gesamtkonzeptes
der elektronischen Datenverarbeitung betriebsbereit
sein. Die Gerätekonfiguration der 1. Ausbaustufe
umfaßt einen Kleinrechner, eine Magnetbandeinheit,
einen Lochkarten-Leser, einen Lochstreifen-Leser,

einen Lochstreifenstanzer, einen Kartenlocher,
eine Schreibmaschine, einen Plattenspeicher, ein
Koordinaten-Erfassungsgerät, ein Bildschirmgerät
und einen Zeichenautomaten. Mit diesen Geräten
und der vorhandenen Grundausstattung mit Programmen können die wesentlichen der für die
elektronischen Datenverarbeitung vorgesehenen Aufgaben in der BfLR begonnen werden.
Grundlage des System-Vorschlages für die elektronische Datenverarbeitung in der BfLR mußte
eine möglichst genaue vorausschauende Aufgabenfor-
mulierung sein.

60. Gantenbein, Heinrich
Die Zusammenhänge zwischen Arbeitsplatzstruktur,
Bevölkerungsstruktur und Bevölkerungsbewegungen:
Eine historische und faktorenanalytische Untersuchung im Zürichsee Gebiet.
(Diplomarbeit), Geogr.Inst.Univ.Zürich, 1973
Die Aufgabe dieser Untersuchung besteht darin, ein
erklärendes Modell für die Beziehungen zwischen
den Bevölkerungsbewegungen, der Bevölkerungsstruktur
und der Arbeitsplatzstruktur zu finden. Dazu
wird der Umweg über die Faktorenanalyse gewählt.
Die beobachteten und vermuteten Zusammenhänge
werden "quantifiziert", d.h., es werden Variablen
gesucht, die die obgenannten Beziehungen und Strukturen repräsentieren. Diese Variablenwerte müssen
für die 59 Gemeinden des Untersuchungsgebietes
aus den bestehenden Statistiken ausgesucht oder
selbst erhoben werden.
Es wurde u.a. der Versuch unternommen, die Ergebnisse der Faktorenanalyse in ein "Gesamtmodell"
deskriptiver Art zu integrieren. Schrittweise
wurden die Wahl der Variablen, die Ergebnisse
der Faktoranalysen und das die Zusammenhänge be-
schreibende Gesamtmodell erklärt. Vor der Herstellung einer Computerkarte stellt sich die Frage,

ob diese den gestellten Ansprüchen genügen kann.
Im vorliegenden Fall dient sie der kartographischen
Darstellung von auf Gemeinden bezogenen Variablen-
und Faktorenwerten für Kontroll-und Informations-
zwecke, d.h. sie wird als Arbeitskarte benutzt.

Die Nachteile einer Computerkarte - starker Gene-
ralisierungsgrad, Ungenauigkeiten bzgl. Zwischen-
räume und Schwärzung der Signaturen - fallen gegenüber den Vorteilen - einfache und rasche Durchführung von Korrekturen und variierenden Darstellungen desselben Themas - wenig ins Gewicht.

61. Hackmann, G.A. und Willatts, Ch.E.
    LINMAP and COLMAP, An Automated Thematic Carto-
    graphic Technique, 6th Internat.Cart.Ass.Conf.,
    Canada (Aug.1972)

In England hat das Ministerium für Umweltschutz eine
Technik entwickelt, die es einem leistungsfähigen
Computer ermöglicht, geographische Karten aus
großen Datenmengen sehr schnell zu erzeugen. Dabei wird das nationale Gitternetz für die Lokalisierung und Codifizierung der Daten verwendet. Das
System ist für die Auswertung der Großzählungen
bereits im laufenden Einsatz, aber alle Daten
müssen für den Einsatz dieses Systems aufbereitet
und ihre örtliche Lage muß bekannt sein.

Für den Druck der schwarz-weißen Karten (Linmaps)
wird ein normaler Schnelldrucker on-line verwendet.
Die farbigen Karten (Colmaps) werden durch ein
erweitertes System angefertigt, und zwar durch die
Verwendung eines elektronischen Composers.

Es sind drei Darstellungsarten in schwarz-weißer
oder farbiger Form möglich.

Das System hat erhebliche Vorteile für die Mitarbeiter gebracht, die mit der Herstellung von Pla-
nungskarten betraut sind.

62. Hägerstrand, Torsten
       Der Computer und der Geograph.
       "Neue Wissenschaftliche Bibliothek", Bd. 35, Köln-
       Berlin (1970), S. 278-300
       Hägerstrand weist darauf hin, daß der Computer
       drei nützliche Dinge für den Geographen und den
       Kartographen tun kann.Die erste und einfachste Tätig-
       keit ist die schlichte Kartenbeschreibung, ent-
       weder über den direkten Aufdruck von Zahlen, wie
       sie aus einer Datenquelle kommen, oder durch Umwand-
       lung dieser Zahlen in Symbole, wie etwa Punkte,
       Isolinien oder schraffierte Flächen. Der Computer
       kann auch zur Zeichnung der Grundkarte selbst
       programmiert werden.
       Die zweite und wichtigere Funktion ist die analyti-
       sche: Der Computer kann räumliche Beziehungen
       berechnen, Indices ausweisen, verschiedene Gruppen
       von Tatbeständen korrelieren, Grenzlinien nach
       spezifizierten Regeln einzeichnen, Standorte und
       Regionen klassifizieren, das Filterverfahren an-
       wenden, Stichproben ausziehen usw. Es ist nicht
       einmal nötig, die der Untersuchung zugrunde liegen-
       den Karten zu zeichnen, es genügt, daß sie inner-
       halb des Verfahrensganges richtig repräsentiert
       werden.
       Die dritte Art der Hilfeleistung durch den Compu-
       ter ist nach Hängerstrand die interessanteste.
       Sie besteht in dem Durchlauf von Prozeßmodellen,
       über die man versuchen kann, beobachtete Ereignis-
       ketten geographischer Art nachzuvollziehen oder
       hypothetische zu schaffen. Die quantitative Wetter-
       vorhersage ist ein ausgezeichnetes Beispiel hier-
       für.

63. Hanle, Adolf
       Die Lochkarte und ihre Anwendung im geographisch-
       kartographischen Arbeitsbereich "Kartographische
       Nachrichten", Jg. 21 (1971), H.2, S.58-62

Die exakte Manifestation von Namen und Daten und
die sich daraus ergebenden Spielmöglichkeiten sind
es, die den sinnvollen Einsatz der Lochkarte zu
einem unentbehrlichen Hilfsmittel werden lassen.
Die Anwendung der Lochkarte als Arbeitsmittel
bietet sich gerade auf dem geographisch-kartographischen Sektor an, da in diesem Arbeitsbereich
Namen und Daten verarbeitet werden, die normalerweise über lange Zeiträume hinweg als unveränder-
liche Tatsachen und Größen feststehen. Geographische Statistiken, die Rechtschreibung geographischer Namen und die Herstellung von Atlasregistern
lassen sich auf Lochkartenbasis am besten bear-
beiten. Die Fixierung aller auf Lochkarten erfaßten Daten und Namen auf Magnetbändern
ist zu empfehlen, da man auf diese Weise eine
Datenbank gewinnt. Als Arbeitsmittel ist die
Lochkarte mit Lochschriftübersetzung jedoch nach
wie vor Hilfsmittel Nummer Eins. Die Verläßlich-
keit einer Lochkartenkartei steht und fällt mit ihrer Laufendhaltung.

64. Harbeck, Rudolf
   Erfahrungen beim Testeinsatz des Digitalisierungs-
   gerätes Gradicon in der Kartographie
   "Nachrichten aus dem Karten- und Vermessungswesen", Reihe I: Originalbeiträ-
   ge, H. 61 (1973), S. 31-30
   Bei einem neunwöchigen kritischen praktischen
   Einsatz ist der Eindruck gewonnen worden, daß
   das Gradicon sowohl von der Konzeption als auch
   von der technischen Ausführung her ein solides,
   unauffälliges, präzises und leistungsfähiges
   Digitalisiergerät darstellt. Das mechanisch-
   elektronische Funktionsprinzip steht nach gründ-
   licher Weiterentwicklung dem rein elektronischen
   Funktionsprinzip hinsichtlicher Funktionssicher-
   heit offensichtlich nicht nach. Die infolge
   des Konstruktionsprinzips sehr dicke Arbeits-

platte mit relativ großem unwirksamen Raum an
den Rändern beeinträchtigt die Handhabung des
Gerätes nur unwesentlich.
Während des gesamten Einsatzes sind keine Betriebs-
störungen aufgetreten. Auch bei Dauerbelastung im
Schichtbetrieb zeigte das Gerät keine Störan-
fälligkeit. Dagegen führen größere Spannungs-
schwankungen oder Ausfälle im Stromnetz zum Ver-
lust des Modellnullpunktes.
Die vorgenommene Untersuchung bestätigt im großen
und ganzen die vom Hersteller mitgeteilte, jedoch
nicht näher definierte Genauigkeit. Als innere
Gesamtgenauigkeit (dreifache Standardabweichung
als Maximalfehler) wurden $\pm$ 0,15 mm ermittelt.
Handhabung, Leistungsfähigkeit und Genauigkeit
bieten gute Voraussetzungen für die Anwendung
in der Kartographie. Das Gerätesystem kann indi-
viduell konfiguriert werden und ist ausbaufähig.
Der Preis liegt innerhalb des Kostenbereichs ver-
gleichbarer Geräte.

65. Harris, Lewis J.
     Automated Cartography in Federal Mapping in Canada.
     Surveys and Mapping Branch/Ottawa.
     "The Canadian Cartographer", Vol 9. No 1(June
     1972), pp. 50-60
     Der Verfasser diskutiert die Versuche der Surveys
     and Mapping Branch mit "on-line" und "off-line"
     Koordinatenlesegeräten (Digitizern) verschiedener
     Auflösungsgrade für die automatisierte Kartenher-
     stellung. Das flexiblere "on-line"-System, das
     mit einer zentralen Datenverarbeitungsanlage ver-
     bunden ist, hat sich als vorteilhafter erwiesen
     (besonders für eine große Produktionsreihe) als
     die "off-line"-Bearbeitung, welche kostspieligere
     Operationen und langsameres Zeichnen mit sich
     bringt.

Weitere Aufmerksamkeit widmete man dem Kontroll-
computer, den peripheren Geräten - Digitizern,
Zeichengeräten und Fernschreibern - den
"Interfaces" und der "Software". Zum Frühjahr
1972 wird eine Versuchsproduktionsreihe mit drei
oder vier Digitalisierungsgeräten und einem Stereo-
kartiergerät für die automatische Herstellung der
NTS-Karten im Maßstab 1 : 50 000 fertiggestellt
sein (NTS-National Topographic System).

Im einzelnen wird das Vorgehen beim "on-line"- und
"off-line"-System dargestellt, die Durchführung
der Versuchsproduktion erläutert sowie die Verbindung zur Photogrammetrie aufgezeigt. Technische
Einzelheiten sowie die Beschreibung der maschinellen
Ausstattung werden ebenfalls gegeben.

66. Hatlelid, D. and Peucker, T.K.
    Programm SIRKEL (with Shading)
    Geography Department Simon Fraser University,
    Burnaby 2, B.C. o.J.

    Das Programm dient der automatischen Herstellung
    von Kartogrammen. Es verwendet Kreise zur Dar-
    stellung von "bedeutenden Zentren" (z.B. Zentrale
    Orte), wobei die Kreisradien proportional der Be-
    deutung (Zentralität, Wirtschaftskraft, Bevölke-
    rungsgröße) sind.
    Das Kernprogramm ist in PL/1 geschrieben, während
    das Unterprogramm, das die Schattierung vornimmt,
    in FORTRAN IV geschrieben ist. Das Programm
    wurde erfolgreich auf einer IBM 370/155 - OS (MVT)
    eingesetzt. Als Zeichengerät wurde ein Calcomp 5
    ml-Trommelplotter verwendet.

67. Hebin, O. Computer Drawn Isarithmic Maps
    Saertryk af Geografisk Tidsskrift, Bd. 68(1969),
    S. 50-63 (Sonderdruck der Geographischen Zeitschrift)
    Hebin berichtet über ein in FORTRAN IV geschriebe-
    nes, vielseitig anwendbares Programm, mit dem eine

Isolinienkarte in eine Matrix gezeichnet wird,
bei der die Abstände zwischen den Zeilen und Spalten konstant, aber nicht notwendigerweise gleich
sind.

Alle Isolinienpunkte werden durch lineare Interpolation in Dreiecken berechnet, deren Größe
von der Input-Matrix und von der Wahl des Unterprogramms für das Zeichnen abhängig ist.Die gezeichnete Isolinienkarte kann mit den Zahlen-
werten der Originalmatrize oder Teilen hiervon
versehen werden. Außerdem kann die Karte eine frei-
zuwählende Überschrift erhalten.

Das Programm ist zur Verwendung auf einem Digital-
Plotter geschrieben und von dem Northern Europ
University Computing Center (NEUCC) an der Technischen Hochschule Landtofte in Dänemark getestet
worden.

68. Hebin O.   Et elementaert by beskrivende program (Ein elemen-
tares Stadtbeschreibungsprogramm)
Saertryk af Geografisk Tidsskrift (Sonderdruck
der Geographischen Zeitschrift), Bd. 67(1968),
S. 137-157

Der Verfasser entwickelte 1967/68 im Rahmen von
Feldarbeitsübungen für Hauptfachgeographen ein
Programm, mit dem eine Vielzahl elementarer, aber
sehr zeitraubender Zusammenführungen und Berechnungen von koordinatenverbundenem Kartierungsmaterial in Stadtuntersuchungen durchgeführt
werden kann. Als Ergebnisse sind mit Koordinaten
festgelegte Flächenangaben für verschiedene
Flächenkategorien zu erwarten. Diese Flächenangaben
können aus Summen- und Durchschnittswerten, Ver-
breitungen und Frequenzen sowie aus einfachen
Residualen und Verhältniszahlen bestehen. Sie
werden einem Rasternetz zugeordnet,dessen
Spezifikationen variabel sind. Für jede einzelne
Raute in dem Netz und für das Gesamtnetz werden

Flächenberichte einfacher Art angefertigt. Die Relationen zwischen den einzelnen Flächenkategorien
werden angegeben und z.B. als unbebaute Flächen,
Nutzungsgrad, Bebauungsgrad und Höhenindex ausgedruckt. Das Programm ist nur in einem geringen
Maße an den Stadtbegriff gebunden und läßt sich leicht
für andere Zwecke verwenden.

69. Hirschsohn, I.
Amesplot - A Higher Level Data Plotting Software
System Communications of the ACM Vol. 13, No. 9,
Sept.1970, 546-557

Amesplot ist ein erweiterbares Software-System,
das entwickelt wurde, um die Ausgabe von Daten so
einfach und mühelos wie nur möglich zu machen. Das
beschriebene System ist hardware-unabhängig. Die
allen Typen von Datenzeichnungen gemeinsamen Elemente sind skizziert. Es wird demonstriert, in
welcher Weise diese Elemente mit anderen Systemen
verbunden werden können, die auf einfachen Modulen
basieren. Diese Module sind unabhängig. Dies ermöglicht es, durch Hinzufügung oder Ersetzung
einzelner Module Zeichnungen jeder Komplexität zu
konstruieren. Die Sprache und die Unterprogramme
des Systems werden beschrieben, das aus Makros zur
Herstellung von selbstskalierenden Zeichnungen,
formalen Texttabellen, Küstenlinienkarten und
dreidimensionalen Zeichnungen besteht.

Das System ist so formuliert, daß der Benutzer
ein Minimum an Informationen geben muß und es
voll integrierbar in andere Benutzerprogramme ist.
Die Funktionen der Positionierung, Lokalisierung,
Skalierung der Achsen und aller anderen Elemente
der Zeichnung werden automatisch durch das Programm-
system gehandhabt, es sei denn, der Benutzer gibt
spezifische Anweisungen. Transformation, Projektion,
Skalierung, Rotation oder Veränderung einer vollständigen Zeichnung oder Teilzeichnung ist durch

einfache Module möglich.

70. Hoffmann, Frank

Automation in der thematischen Kartographie
Der praktische Einsatz von Computern und programm-
gesteuerten Zeichenautomaten beim Entwurf themati-
scher Karten
"Wissenschaftliche Zeitschrift der TU Dresden",
Jg. 19 (1970), H. 3,S. 793-797

Der Autor gibt einen knappen Überblick über die
wichtigsten Etappen der automatischen Herstellung
von Kartenentwürfen, insbesondere thematischer
Darstellungen, die sich in Veröffentlichungen des
Auslandes widerspiegeln. In einem zweiten Teil werden
einige Ergebnisse erläutert, die im Bereich Kartographie
an der TU Dresden speziell bei der Ermittlung der optimalen Variante für einen Kartenentwurf erzielt wurden. Hierzu werden der Datenfluß, die Programmanwei-
sungen für den Rechner und die Gestaltung der Steuer-
streifen für ein programmgesteuertes Kartiergerät
charakterisiert.

71. Hoffmann, F.

Zur automatisierten Darstellung quantitativer Informationen in thematischen Karten
"Vermessungstechnik", Jg. 18 (1970), H. 6, S.206-210

Die Automatisierung des Kartenherstellungsprozesses
ist eine der wichtigsten Aufgaben der kartographischen
Forschung im nächsten Jahrzehnt. Für einige Etappen
der Kartenherstellung sind zwischen schon positive
Ergebnisse erzielt worden. Vor allem bei der Gestaltung
thematischer Kartenelemente ist der Einsatz von
Rechen- und Zeichenautomaten möglich geworden. An
der Sektion für Geodäsie und Kartographie der TU
Dresden wurde in der Vergangenheit u.a. das Problem
der automatisierten Darstellung quantitativer Informationen in thematischen Karten untersucht. Einige
Ergebnisse werden hier mitgeteilt.

Zur Ermittlung eines optimalen Kartenentwurfes läßt
man vom Automaten mehrere Varianten berechnen.

Wenn man berücksichtigt, daß für ein einfaches Beispiel der Automat lediglich etwa 1 0 s Rechenzeit
benötigt - die automatische Zeichnung dauerte etwa
2 min -, ist doch erkennbar, welchen Nutzen der
Einsatz der modernen Technik bringen kann. Machten
sich bisher viele Probeausschnitte zu einem Entwurf
erforderlich, so erhält man nunmehr schon nach kurzer
Zeit den ganzen Entwurf in mehreren Varianten.

Dem Kartographen obliegt es jetzt, aus diesen Ergebnissen entsprechend der Aufgabenstellung die günstigste Variante auszuwählen oder neue berechnen zu lassen. In der Regel werden für die rein gestalterischen Entwürfe schnellaufende Zeichenautomaten
(Plotter) eingesetzt. Die Qualität der Entwurfs-
zeichnung entspricht dabei natürlich nicht den
kartographischen Anforderungen, doch entsteht der
Entwurf in noch wesentlich kürzerer Zeit.

Es soll nicht unerwähnt bleiben, daß es bereits
Datenverarbeitsanlagen gibt, die über eine elektronische Projektionseinrichtung (Fernsehbild-
schirm) verfügen. Dabei werden die Ergebnisse unmittelbar vom Speicher des Automaten auf den Bildschirm übertragen. Für die herausgabereife Entwurfs-
vorlage wird man jedoch auf Zeichenautomaten zurück-
greifen müssen, die im Ergebnis eine saubere Strich-
zeichnung liefern.

72. Howarth, Richard J.
    FORTRAN IV - Programm for Grey-Level Mapping of
    Spatial Data.
    "Mathematical Geology", Bd. 3, Nr. 2 (1971), S.95-
    121
    Es wird ein FORTRAN IV-Programm für eine Kartierung
    mittels Graustufen von räumlichen Daten unter Ver-
    wendung einer CDC 6600 beschrieben. Das Programm
    wurde für die Zeichnung von geochemischen Daten und
    für die **Darstellung** von Flußablagerungen entwickelt;

es ist jedoch gleichfalls für viele andere Typen
räumlich verteilter Daten anwendbar. Das Programm
ist in der Lage, rasch eine unbegrenzte Zahl von Daten unter Verwendung des Schnelldruckers kartographisch darzustellen.

Es ist nicht notwendig, daß der Forscher von vornherein
die beste Klasseneinteilung der Daten kennt, weil
verschiedene Karten mit verschiedenen Kombinationen
von Klassenintervallen in einem Computerlauf erzeugt
werden, wobei jeweils die Häufigkeitsverteilung
für die Klassen ermittelt wird. Auch nicht-lineare
Klassenintervalle können verwendet werden. Eine Begrenzung der Kartengröße gibt es nicht. Es ist möglich, sowohl übersichtliche Regionalkarten als
auch großmaßstäbige Karten oder Vergrößerungen von
Flächen besonderen Interesses in dem gleichen Computerlauf herzustellen. Das Programm ist modular aufgebaut, um eine Anpassung an andere Computer zu ermöglichen und andererseits eine Integration des
Grautondruckunterprogramms in andere Programme zu
erlauben. Die Eingabedaten müssen auf Lochkarten
verfügbar sein, obgleich über eine Umdefinition
die Verwendung von Magnetbändern als Eingabedaten-
träger möglich ist. Die Kartenausgabe kann sowohl on-line
als auch off-line erfolgen.

Ein Unterprogramm setzt den Skalierungsfaktor und
sortiert alle Daten einer Kartenbahn; falls die Kartenbreite die des Schnelldruckers übertrifft, müssen
mehrere Kartenbahnen hergestellt werden, und die Ge-
samtkarte muß später zusammengesetzt werden. Ein
weiteres Unterprogramm übernimmt die Umwandlung der
tatsächlichen Koordinaten in Kartenkoordinaten (Spalten und Zeilen). Ein Histogramm ergänzt die kartographische Darstellung.

Maximal sind 10 verschiedene Graustufen erlaubt. Jede

Karte enthält folgende Angaben: Kartentitel, Nummer
der Kartenbahn, Grenzkoordinaten an den Kartenrändern, Häufigkeitsverteilung pro Kartenklasse, eine
Legende für die Grautonsymbole, vertikale und horizontale Maßstabsfaktoren und Gleichungen, die die wah-
ren Koordinaten auf die Zeilen und Spaltennummern der
ausgedruckten Karte beziehen.

73. Hsu, Mei-Ling and Porter, Philip, W.
    Computer Mapping and Geographic Cartography
    "Annals of the Association of American Geographers",
    Vol. 61 (Dec. 1971), pp. 796-799
    Die Verfasser nehmen das Erscheinen von" A Computer
    Atlas of Kenya" (D.R.F.Taylor, 1971) zum Anlaß,
    die Auswirkung der Implikationen der Computerkarto-
    graphie für die geographische Kartographie kritisch
    zu diskutieren. Dabei sind vor allem folgende Fragen
    zu beantworten:
    -Wie gut ist die Wiedergabe des räumlichen Modells
     der Erde?
    -Zu welchen Kosten wird ein solcher Atlas erstellt?
    -Wie abstrahiert und generalisiert der Computer die
     eingegebenen Daten?
    1. Maßstabswahl
       Die Tatsache, daß die Computer-Druckstelle eine
       konstante Fläche hat, wirkt sich bei Maßstabs-
       veränderungen unter Umständen ungünstig aus, ins-
       besondere bei abnehmenden Maßstäben. Dadurch
       werden Grenzen, Datenpunkte und Isolinien unge-
       nau. Der Atlas verwendet die Isarithmen-Technik
       des Programms SYMAP (contour mapping) für alle
       Karten.
    2. Wahl der Klassenintervalle
       Es wird kritisiert, daß Taylor nur die contour-
       mapping-option von SYMAP verwendet, auch für die
       Auswahl der Klassen. Für alle 64 Klassen wurde ein

Typ der Isarithmenintervalle gewählt und 5 un-
veränderliche Klassen.

3. Gefahren der Computer-Kartographie
   Die Computer-Kartographie bringt eine Reihe von
   Veränderungen und Vorteilen für die Kartographie
   und die Kartenanwendung. Wegen der Komplexität der
   Programme und der mathematischen und kartographischen
   Wissensanforderungen für die Kartographieprogramme
   ist es unwahrscheinlich, daß alle Geographen diese
   Verfahren beherrschen. Dies beinhaltet Gefahren.

4. Die Computeranwendung kann die Kartographie unter
   folgenden Bedingungen verbessern: Der Programmierer
   ist kompetent in der thematischen Kartographie,
   die Anwender verstehen die Grundalgorithmen
   und die kartographischen Voraussetzungen des
   Programms, die Anwender haben ein gutes Urteil
   bei der Auswahl der Programme und ihrer Möglichkeiten.

74. Imhof, Eduard
    Kartenherstellung mit Hilfe elektronischer Daten-
    verarbeitung
    Thematische Kartographie. Berlin, 1972, S. 262-288
    Die elektronische Datenverarbeitung ist zur Hauptsa-
    che eine Errungenschaft der letzten drei Jahr-
    zehnte.
    In den USA, in Kanada, in der Sowjetunion, in
    Japan und in einigen europäischen Ländern, vor
    allem auch in Deutschland, ist man bemüht, unter
    Einsatz der neuen Methoden und Geräte, gewisse
    kartographische Probleme rascher, umfassender und
    zuverlässiger zu bewältigen., als es mit bisherigen
    "klassischen"Verfahren möglich wäre.

    Nicht wenige Fachleute und Kenner der Materie
    vertreten die Ansicht, daß in Zukunft die Karten
    vorwiegend mittels der elektronischen Datenver-
    arbeitung entstehen werden. Wir sind anderer Mei-
    nung. Man würde der Kartographie und der elektro-
    nischen Datenverarbeitung schlechte Dienste leisten,

wenn man der letzteren Ungeeignetes zumutete.

Der Einsatz elektronischer Datenverarbeitung
in der Kartographie ist durch drei Wesensmerkmale
der Karten eingeschränkt.

1. Die äußerst dichten, feingliedrigen und regellosen Gefüge, die unzähligen gegenseitigen
   graphischen Verdrängungen würden in manchen
   Karten für jeden Quadratzentimeter, ja oft für
   jeden Quadratmillimeter, eine Unsumme komplizierter und schwer definierbarer Programmierarbeit
   mit vielen nachträglichen Korrekturen und Verschiebungen erfordern, dies in einem Ausmaß,
   das jegliches Voraus-Programmieren zum Ersticken
   brächte.

2. Der Programmier-Fachmann denkt zwar, aber während
   des Programmierens sieht er die zu schaffende
   Karte nicht. Graphisches oder zeichnerisches
   Gestalten aber setzt Kontrolle der Hand durch
   das Auge voraus.

Durch solche u.ä. Einwendungen oder Einschränkun-
gen soll die Nützlichkeit elektronischer Datenverarbeitung für manche kartographische Aufgabe nicht
in Abrede gestellt werden. Der Verfasser geht ausführlich auf die Grenzen des wirtschaftlich Möglichen oder Zweckmäßigen sowie auf die Kombination
von Automation und traditionallem und phototechni-
schem Vorgehen ein.

Auch Emil MEYNEN (44), Ingo FOLKERS(29) und andere
betonen die Zweckmäßigkeit solcher Verbindung. In
den meisten thematischen, vor allem in den statis-
schen Karten ist ihr spezieller Inhalt (Diagramme usw)
eingelagert in eine mehr oder weniger vereinfachte
Basiskarte. Solche Basiskarten aber - in identi-
scher Form für viele Spezialthemen geeignet -liegen
in der Regel bereits mehr oder weniger fertig vor

(als Reprofilme, als gedruckte Blätter usw.). Es
wäre sinnlos, sie stets wieder neu herzustellen,
nur um die bereits gut genährten Computer noch mehr
zu überfüttern. Auch Anpassungsarbeiten, Probleme
guten graphischen Zusammenspiels der sich bedrängen-
den und verdrängenden Eintragungen lassen sich am
besten manuell lösen, weil die Dinge "gesehen" und
nicht nur "gedacht" werden müssen. Hauptaufgabe
zukünftiger Experimente wird es sein, beste Möglichkeiten und Verfahren solchen Zusammenspiels von
Mensch und Maschine zu suchen und zu erproben. Be-
fürworter des Einsatzes elektronischer Datenverarbeitung in der Kartographie betonen den Gewinn an
sachlich-inhaltlicher Korrektheit der Erzeugnisse.
Programmierung und elektronische Datenberechnung und
Daten-Sortierung können nur durchgeführt werden,
wenn die thematischen (geographischen, statistischen
usw.) Probleme zuvor aufs Sorgfältigste geprüft,
logisch und eindeutig bis in alle Einzelheiten durchdacht worden sind. Dies kann dann letzten Endes zu
soliderer innerer Qualität der Karten führen.

75. Jenks, G.F.
The Data Model Concept in Statistical Mapping
"Internationales Jahrbuch für Kartographie",
Bd. VII (1967), S. 186-190
Generalisierte Modelle können von den Datenmodellen
in unterschiedlichen Mengen abgeleitet werden, je
nach dem Grad der Vereinfachung und der bei der
Generalisierung angewendeten Methode. Grundsätzlich
sollte das generalisierte Modell die gesamte Be-
schaffenheit der Oberfläche des Datenmodells beinhalten und diesem an Umfang gleich sein. Der Unterschied zwischen dem Datenmodell und dem gene-
ralisierten Modell kann als "Fehlerdecke" beschrieben werden.
Wenn dieser Fehlerfaktor auf ein Minimum gehalten
wird und wenn er gleichmäßig über die Karte verteilt
ist, werden die Generalisierung und die sich ergeben-
de choroplethische Karte genauer. Diese Begriffe können leicht in drei Dimensionen sichtbar gemacht werden, aber nur wenige werden in ihrer kartographischen
Datenverarbeitung so weit gehen wollen.

Genaue choroplethische Darstellungen werden erreicht,
wenn die Daten in Klassen eingeteilt werden, die
gleiche oder relativ gleiche Abweichungen haben. Je
größer die Anzahl der Klassen, um so genauer ist die
Generalisierung. Die Anzahl der Klassen auf choroplethischen Karten wird jedoch begrenzt durch die Fähigkeit des menschlichen Auges, zwischen verschiedenen
Farbtönen oder Werten zu unterscheiden. Das Daten-
Modell für den per capita Wert, der in den U.S.A. zum
Beispiel durch Handarbeit hinzugefügt wird, hat 48
flächenförmige Einheiten mit 47 verschiedenen Ebenen
unterschiedlicher Höhe. Falls einfarbige Flächen-
schattierungen verwendet werden, müssen diese 47 Flächen auf sieben oder weniger Flächen generalisiert
werden.

Die Wahl zwischen Klassen, die eine gleiche durchschnittliche Abweichung oder eine relativ gleiche
durchschnittliche Abweichung haben, hängt von dem
Umfang der Daten und dem begrifflichen Rahmenwerk ab,
in dem die Daten betrachtet werden. Wenn Klassen unter
Verwendung gleicher durchschnittlicher Abweichungen
bestimmt werden, wird die Fehlerdecke einheitlich dick
über der Kartenoberfläche sein. Während dies im allgemeinen wünschenswert ist, ist für bestimmte statistische Einteilungen ein anderes Vorgehen vorzu-
ziehen. Das trifft zu, wenn ein großer Spielraum in
den Werten der Daten vorhanden ist (d.h. wenn statistische "Berge" und "Ebenen" aneinandergrenzen) und
wenn es erforderlich ist, Änderung über das gesamte
Spektrum zu zeigen. Dieses Konzept wird bei der
Herstellung von Karten über die Bevölkerungsdichte
benutzt, um Veränderungen in den unteren ländlichen
Dichten ebenso wie Veränderungen in den oberen städtischen Dichten zu zeigen. Das Prinzip besteht in diesem
Fall darin, Klassen zu schaffen, die relativ gleiche
durchschnittliche Abweichungen haben.

Die Anwendung dieser Konzepte ergibt choroplethische
Karten, die der volumetrisch geographischen Verteilung,

die kartographisch dargestellt wird, sehr nahe
kommen. Außerdem machen diese Verfahren eine logische, wiederholbare Methode bei der Behandlung
statistischer Verteilungen möglich und sind für
die Kartenherstellung mit Hilfe von Rechenautomaten
geeignet.

76. Johannsen, Th.
Software-Konzeption für eine kartographische Auto-
mationsanlage
Sonderbericht des Instituts für Angewandte Geodäsie
- Abteilung Kartographie - Gruppe Kartographische
Forschung, Frankfurt/M. (September 1973)

Die Deutsche Forschungsgemeinschaft (DFG) hat im
Januar 1973 eine Sachbeihilfe für ein Hardware-System
bewilligt.

Mit dieser Anlage sollen Arbeiten ermöglicht und unterstützt werden, um Automationsergebnisse für die
Kartographie nutzbar zu machen.

Für das DFG-System ist nur ein Rechner mittlerer
Größe vorgesehen, der Kernspeicherausbau ist zunächst
auf 56K festgelegt. Es wird also ganz bewußt
von Anfang an zwischen den Aufgaben unterschieden,
die auf dieser Anlage gelöst werden können und jenen
Aufgaben, die auf einem Großrechner laufen müssen.

So gilt als notwendige Bedingung für den Aufstellungs-
ort, daß den Mitarbeitern auch ein leichter Zugang
zu einem Großrechner ermöglicht wird. Man entschied
sich dazu, die DFG-Anlage im IfAG aufzustellen.
Das IfAG rechnet bereits seit Jahren auf dem Großrechner TR 440 der Gesellschaft für Mathematik
und Datenverarbeitung - Abteilung Darmstadt -, z.T.
auch über eine eigene Datenfernverarbeitungsstation.

Der Bundesminister des Innern hat seine Zustimmung
gegeben, eine Anzahl von Mitarbeitern für das Projekt

"Automation in der Kartographie" bereitzustellen,
während das IfAG die benötigten Räume zur Verfügung
stellt. Daneben ist geplant, daß aus den Instituten
der drei anderen Antragsteller jeweils für einen
begrenzten Zeitraum und in der Regel auch zur Bearbeitung eines speziellen Themas Mitarbeiter zum IfAG
abgestellt werden. Bei der DFG läuft zur Zeit ein
Verfahren, den Antrag auf eine "Sachbeihilfe" in
eine "Hilfseinrichtung der Forschung" umzuwandeln,
womit die jährlichen Betriebsmittel bereitgestellt
werden.

Die im folgenden näher erläuterte Software steht
den Mitgliedern der "Arbeitsgruppe Automation in der
Kartographie" (AgA) kostenlos zur Verfügung, sofern
sie die Software auf einem Hardware-System desselben
Herstellers wie der DFG-Anlage implementieren.

77. Johnston, S.R. und Roberts, J.G.
    Canada Land Inventory Cartography and Computer Input
    Processing of Land Resource Data
    "La Revue de Géographie de Montréal, Vol. 26 (1971),
    S. 399

    Das Projekt der Canada Land Inventory, das einen
    großen Teil Canadas umfaßt, wurde Anfang der 60er Jah-
    re ins Leben gerufen. Mit diesem Programm soll die
    Eignung der Landfläche für Landwirtschaft, Forst-
    wirtschaft, Erholung/Festgestellt werden, um
    damit die Basisdaten für Landschaftsplanung und
    -nutzung, Flächennutzung und -planung zu bekommen.
    Die gegenwärtige Flächennutzung wird kartiert. Das
    Ergebnis der Untersuchungen ist das kanadische geo-
    graphische Informationssystem (Canadian Geographic
    Information System/CGIS)

    Das CGIS umfaßt alle spezifisch geographischen Daten.
    In dieser Abhandlung werden die kartographischen
    Aspekte des Systems erläutert, insbesondere die
    Herstellung der Karten.

78. Kadmon, Naftali
      Komplot "Do-It-Yourself" Computer Cartography
      "The Cartographic Journal", Vol. 8 (1971) S.139-144
      KOMPLOT ist grundsätzlich und hauptsächlich ein
      Kartierungssystem; der Name betont jedoch die Anwend-
      barkeit auf geographische Probleme, die über die
      Kartographie hinausgehen. Verschiedene andere Gra-
      phiken, insbesondere Histogramme, Polardiagramme,
      Kreisdiagramme und Flußdiagramme können unter Ver-
      wendung eines Trommelplotters aus unverarbeiteten
      statistischen Daten produziert werden.

      Nach Kadmon ist die Herstellung von regionalen
      thematischen Atlanten ein wichtiges Feld für die
      Anwendung der automatischen Kartenherstellung
      (s. Atlas von Israel, der innerhalb von etwa
      8 Jahren in drei Auflagen erscheint; 420 Karten,
      jeweils auf dem neuesten Stand).

      An Punktsymbolen verwendet der Atlas kleine geo-
      metrische Symbole, flächenproportionale Kreise,
      Kreisdiagramme, Stabdiagramme, Sternpolardiagramme.
      Als Liniensymbole verwendet er Schraffuren und/oder
      Mehrfarbengrenzen und breiten-proportionale Linien-
      bänder und Isarithmen.

      Nachdem eine gewisse Zeit an einzelnen Programmen
      für die automatische Kartenproduktion gearbeitet
      wurde, entschied man sich, diese in einem Programm-
      paket miteinander zu verbinden. Das Ergebnis war
      KOMPLOT. Alle Programme sind so geschrieben, daß
      unbearbeitete Statistiken, wie sie von Geographen
      gesammelt werden, durch die Programme verarbeitet und
      direkt in Graphiken umgesetzt werden können. Einer
      der Hauptvorteile der automatischen Kartographie ist
      es, daß die Verwendung verschiedener Datenkombinatio-
      nen und Symbolkombinationen in einer Karte vor der
      endgültigen Reproduktion getestet werden können.
      Die Computer-Kartographie im allgemeinen, und

KOMPLOT im besonderen macht es möglich, einen
endgültigen Entwurf durch Vor-Produktion zu erzeugen. KOMPLOT produziert nacheinander eine Reihe
von Zeichnungen mit den gleichen thematischen Karten, die sich nur durch ihre graphischen Parameter nach Angaben des Benutzers unterscheiden, wie
z.B. Maßstab, Stabgröße in Histogrammen, Flächen-
proportionalitätsfaktor bei Kreisdiagrammen, die
Breite von Flußlinien usw. Alle graphischen Parameter erscheinen in der Schnelldruckerliste und
in der Kartenlegende.

Es folgt eine Betrachtung von ästhetischen Aspek-
ten in der Computer-Kartographie.

KOMPLOT soll unter Verwendung von Trommelplottern
das Gegenteil oder vielmehr eine Ergänzung sein
zu den Schnelldruckerkarten-Programmen.

KOMPLOT kann einerseits zusammengesetzte Karten
liefern, d.h. eine Karte oder Zeichnung, die aus
einer Umrißlinie oder einer Grundkarte besteht und
die überlagert ist von bis zu 6 graphischen Kartentypen, so daß eine Karte mit Dreiecken, Kreisen,
Quadraten usw. gezeichnet wird, oder eine solche
mit flächenproportionalen Kreisen. Andererseits
kann eine Anzahl von Einzelkarten gezeichnet werden, die aus der gleichen Umrißkarte bestehen,
die von nur einer thematischen Darstellung überlagert wird. All diese Karten repräsentieren die
gleichen thematischen Daten, unterscheiden sich
aber z.B. im Maßstab für die Symbole (Größe
der Histogramme, der Kreise, Größe der Schrift
und Positionierung der Schrift usw.), um rasch
die beste graphische Darstellung und thematische
Skalierung zu finden. Die quasi gleichzeitige
Betrachtung der verschiedenen Ausführungen stellt
für den Kartographen eine große Hilfe für den endgültigen Entwurf der Karte dar.

79. Kartographisches Institut ETHZ(Hrsg.)

        THEMAP, Computerprogramm für die graphische Dar-
stellung von punktbezogenen Mengen in Diagrammform,
Kartogr. Institut ETHZ, Zürich(1972),Manuskript

        Es wird ein Programm für die graphische Darstellung
von punktbezogenen Mengen in Diagrammform beschrieben, das im kartographischen Institut an der
ETH Zürich erstellt wurde. Es ermöglicht das Rechnen
auf einer CDC-Anlage 6400/6500 und ein Zeichnen
auf einem Benson-Trommelplotter 121. Als Programmsprache wurde CDC 6000 FORTRAN 2.3 (RUN-Compiler)
benutzt.

80. Kern, R., u. Rushton, G.

        MAPIT: A Computer Program for Production of Flow
Maps, Dot Maps, and Graduated Symbol Maps
"The Cartographic Journal",Vol. 6(Dec.1969),
S. 131 - 137

        Das Programm MAPIT wurde geschrieben, weil es bis
zu jener Zeit keine Programme gab, die sowohl Umrißkarten ,schattierte Karten, Flußkarten (flow maps)
und Punktkarten herstellen konnten. Das Programm
MAPIT kann alle diese Karten zeichnen und verwendet
dazu einen Calcompplotter (Modell 563, 30'').

        Das Programm besteht aus einer Reihe von Unter-
programmen, mit deren Hilfe aufgrund einer freien
Wahlmöglichkeit durch den Benutzer die verschiedenen
Kartentypen hergestellt werden können. Die Anweisungen werden über Steuerkarten eingegeben. Mit
Hilfe einer Programmbeschreibung ist es auch EDV-ungeübten Benutzern möglich, die genannten Karten
herstellen zu lassen. Das Programm ist in FORTRAN 63
für eine CDC 3600 geschrieben. Es handelt sich
dabei um eine modifizierte Version von FORTRAN IV.
Das Programm macht gegenwärtig einen Kernspeicher-
bedarf von 30.000 Worten erforderlich.

        Die beigefügten Abbildungen zeigen eine Auswahl
der mit dem Programm MAPIT herstellbaren Karten.

Die gewünschte Kartenart wird durch Angabe von
"options" gewählt. Beispielhaft sind aufgeführt
die Darstellung der Bevölkerung durch proportionale
Kreissymbole, wobei die Koordinaten für jeden Kreis
Längen- und Breitenkoordinaten sind, die für das
Programm in karthesische Koordinaten umgewandelt
werden. Flußkarten geben z.B. Verkehrsströme oder
Beziehungen von Haushalten zu Einkaufszentren wieder (sogenanntes Spinnennetz). Umrißlinien können
ebenfalls dargestellt werden sowie einfache Punktkarten.

81. Kilchenmann, André
Untersuchungen mit quantitativen Methoden über die
fremdenverkehrs- und wirtschaftsgeographische Struktur der Gemeinden im Kanton Graubünden.
Dissertation Universität Zürich, 1968

Über jede der 220 Gemeinden des Kantons Graubünden
liegt in verschiedenen Statistiken eine große Zahl
von Informationen über die Fremdenverkehrs-, Wirt-
schafts- und Sozialverhältnisse vor. Für die vorliegenden Untersuchungen sind 94 Angaben (Variablen) über jede Gemeinde ausgewählt worden.

Mit der Faktorenanalyse ist eine Methode gegeben,
alle diese Informationen (Daten) in einem Computer zu verarbeiten und die voneinander unabhängi-
gen Hauptdimensionen der Gesamtstruktur (Faktoren) herauszuarbeiten. Von diesen synthetischen
Strukturdimensionen lassen sich für jede Gemeinde
die Strukturwerte (Faktorenwerte) berechnen. Auf
Grund dieser kleinen Zahl von Strukturwerten können die Gemeinden mit einer weiteren quantitativen
Methode, der Distanzgruppierung, nach ihrer Ähnlichkeit zu einer beliebigen Zahl von Klassen zusammengefaßt werden. Diese Klassifikation kann
durch das Trennverfahren (Diskriminanz-Analyse)
noch verbessert werden. Durch die kartographische
Darstellung der Ergebnisse gelangt man schließlich zu einer fremdenverkehrs- und wirtschafts-
geographischen Regionalisierung des Kantons.

Im vorliegenden Fall wurde ein Versuch mit Karten
unternommen, die auf relativ einfache Art vom
Schnelldrucker ("Printer") des Computers ausgedruckt werden können.

82. Kilchenmann, André; Gächter, Ernst
Neuere Anwendungsbeispiele von quantitativen Methoden, Computer und Plotter in der Geographie und
Kartographie, "Geographica Helvetica",Jg.24(1969),
S. 68-86
In diesem Artikel wird von einigen Versuchen berichtet, die in jüngster Zeit von den Verfassern
am Geographischen Institut der Universität Zürich
ausgeführt wurden. In den Kapiteln D und F wird
an zwei Beispielen gezeigt, wie der Computer zur
Lösung von kartographischen Aufgaben herange-
zogen werden kann, während in den Kapiteln B, C
und E die Ergebnisse von zwei Klassifikationen
mit Hilfe der Faktorenanalyse der Distanzgruppierung
und des Trennverfahrens vorgelegt werden. Prof.
Dr.Steiner (jetzt Waterloo, Ontario, Kanada) hatte
diese Methoden am geographischen Institut eingeführt.

Faktorenanalyse: Für eine Reihe von n-Beobachtungen sind je m Merkmale in numerischer Form vorhanden. Das Ziel der Faktorenanalyse ist es, die
Vielzahl dieser Variablen auf Grund der bestehenden Korrelationen (=Grad des Zusammenhanges
zwischen den Variablen) auf eine kleinere Zahl
von k-Faktoren zu reduzieren, die nicht mehr
unter sich korreliert sind. Es sollen also die
der gesamten Variation des Beobachtungsmaterials
zugrundeliegenden Dimensionen (=Faktoren) heraus-
geschält werden.

Distanzierungsgruppierung: In der Distanzgruppierung
werden n-Beobachtungen mit je k-Merkmalen (zum
Beispiel die k-Faktoren der Faktorenanalyse) auf-

- 124 -

grund der Strukturähnlichkeit gruppiert, wobei
zunächst als Maß für diese Ähnlichkeit die paar-
weisen Distanzen der Beobachtungen im k-dimensiona-
len Raum berechnet werden. Es wird dann schrittweise nach dem sogenannten "Prinzip des kleinsten
Gruppenzuwachses" gruppiert.

Trennverfahren: Mit diesem Verfahren kann eine
bestehende Gruppierung (in unseren Fällen die-
jenige der Distanzgruppierung) mit Hilfe von
berechneten Trennfunktionen getestet und optimal
verbessert werden. Alle drei Methoden sind praktisch
nur mit Hilfe eines Computers durchführbar.
Bei den Beispielen der Kapitel B,C, D und E wurde
der IBM - 360/40- Computer des Rechenzentrums
der Universität Zürich benutzt.Die Kartenbeispiele
im Kapitel F zeichnete der "Plotter" des Computers
am Rechenzentrum der ETH nach einem Programm des
Kartographischen Institutes. Für die Faktorenanalyse und das Trennverfahren standen zwei von
D.Steiner leicht abgeänderte und erweiterte IBM-
Programme zur Verfügung, während die Programme
für die Distanzgruppierung und die Choroplethen-
karte von D.Steiner geschaffen wurden.

83. Kilchenmann, A., Steiner.D., Matt, O., Gächter, E.
Computer-Atlas der Schweiz ,(Kümmerly + Frey) Bern
1972

Die Autoren beabsichtigen, das Verständnis für
Computerkarten zu fördern. Sie stellen ein GEOMAP-,
ähnlich dem SYMAP-System vor und zeigen gleichzeitig beispielhaft aktuelle Probleme der Schweiz
auf. Der methodische Textteile (11 S. deutsch und
englisch) steht im Vordergrund. Es werden Ergebnisse des Eidgen. Stat.Amtes, Bern und andere Erhebungen, sowohl einzeln als auch in verschiedenen
Relationen, meist in Form von Dichtekarten, dargestellt.

Der Textteil enthält in den ersten drei Abschnit-
ten allgemeine Informationen über das Programm,
seine Möglichkeiten, die Datenaufbereitung und -aus-
gabe. Im Abschnitt "Thematische Computerkarten der
Schweiz" werden die nötigen Hinweise zum richtigen
Lesen und Verstehen der Karte gegeben.

Das Programm GEOMAP ermöglicht die Herstellung
von

1. regulären Choroplethen-Karten (flächenmäßige
   Darstellungen auf statistisch-administrativer
   Basis)
2. approximative Choroplethen-Karten
3. Isarithmen-Karten

Das Programm GEOMAP benötigt in seiner gegenwärtigen Form (lt. Benutzer-Anleitung von Steiner-
Matt, 1972) auf einer IBM-370/155 zwischen
152 und 160 K und eine Ausführungszeit von
12 sec pro Karte (-370/75 : 142-150 K).

84. Kirk, Mahlon u. Preston, Donald
    FORTRAN IV - Programs for Computation and Printer
    Display of Maps of Mathematically Defined Sur-
    faces ,"GEOCOM-Programs" Computer Programs for
    Geoscientists, H. 3 (1972), S. 1 - 25

    Mit der wachsenden Verwendung des Computers in geo-
    logischen Studien werden die Geologen häufig mit
    mathematischen Ausdrücken über die Beziehungen
    zwischen geologischen Variablen konfrontiert. Der
    Geologe ist es gewöhnt, mit Karten als einem
    Darstellungsmittel zur Beschreibung geologischer
    Erscheinungen zu arbeiten. Diese Programme
    werden entwickelt, um ihn bei der Darstellung mathe-
    matischer Flächen in Form von Höhenlinienkarten
    zu unterstützen. Eine Karte kann auf einen Blick
    das aktuelle Verhalten der Fläche zeigen, und der
    Geologe ist besser in der Lage, die Gültigkeit der
    mathematischen Fläche zu beurteilen.

Die Programme sind dazu bestimmt, Karten auf dem
Schnelldrucker zu produzieren, so daß keine weiteren Ausgabegeräte für die Herstellung der Karten
erforderlich sind. Zwei Kartentypen können produziert werden: 1. Konturkarten als wechselnde Bereiche von Druckersymbolen und 2. Konturlinien,
die aus Zeichenketten (Symbolketten) bestehen,
die durch Eingabedaten vorgegeben sind und dann
auf der Konturkarte erscheinen.

Karten können von irgendeiner mathematisch definierten Fläche oder irgendeiner Kombination von Flächen
hergestellt werden. Volumen und Flächen eines
ausgewählten Teils einer Figur können ebenfalls
berechnet werden.

85. Kishimoto, Haruko
Ein Beitrag zur Klassenbildung in statistischer
Kartographie unter besonderer Berücksichtigung
der maschinellen Herstellung von Choroplethen-
karten. "Kartographische Nachrichten", Jg. 22.
(Dez.1972), H. 6, S. 224 - 239
Die Wahl von Klassenintervallen in Choroplethen-
karten und ähnlich von Konturintervallen in Isarithmenkarten ist eines der fundamentalen Probleme,
die der kartographischen Darstellung von statistischen Flächen innewohnen. Es ist ein Prozeß der
kartographischen Generalisierung, der nicht
nur die graphische Erscheinung der resultieren-
den Karte weitgehend beeinflußt, sondern ebenso
ihre Nützlichkeit und das Verständnis des Lesers
für die quantitativen Aspekte der Verteilung. Unter Berücksichtigung der Tatsache, daß eine immer
wachsende Zahl von Choroplethen- und Isarithmenkarten automatisch hergestellt werden, wurde der
vorliegende Aufsatz geschrieben, um die Grund-
überlegungen und graphischen Hilfen bei der Auswahl von Klassenintervallen zu diskutieren. Die
Verwendung des Computers ermöglicht es, daß der

Kartenautor einen sehr viel weiteren Bereich der
Wahl der Klassengrenzen hat. Aus einer unendlichen
Zahl von Arten der Klassenbildung werden hier ver-
schiedene Möglichkeiten diskutiert.

86. Koch, W.G.

Ein Programm zur automatischen Herstellung von
Flächenkartogrammen, "Vermessungstechnik".
Jg. 19 (1971), H. 5, S. 176-178

Seit die ersten Verfahren zur Herstellung derartiger kartenverwandter Darstellungen in den USA und
in Großbritannien entwickelt wurden - es sei hier
auf die Programmsysteme SYMAP und LINMAP hingewiesen - begannen sich Automatenkartogramme überall
dort, wo mit räumlich verteilten Daten gearbeitet
wird, einen festen Platz zu erobern. Die Entwicklung dürfte heute noch nicht abzusehen sein,
denkt man an die überaus vielseitige und weit-
reichende Anwendbarkeit solcher Verfahren. Auch
in der Sowjetunion wurden in ähnlicher Weise
analytische Karten automatisch über Schnelldrucker
hergestellt. Es gelang auch, synthetische Darstellungen nach dem Verfahren der Faktorenanalyse
automatisch zu entwickeln.

An der Sektion Geodäsie und Kartographie der
Technischen Universität Dresden befaßt sich seit
1968 F. Töpfer mit Automatenkartogrammen. Als
Ergebnis dieser Arbeiten liegen verschiedene
Programme für den Kleinstrechner Cellatron SER IIb
vor. Die Kartogramme werden von der elektrischen
Schreibmaschine des Rechners ausgedruckt (on-line-
Betrieb).

In diesem Jahr wurde nunmehr an der Sektion Geodäsie und Kartographie ein in sich geschlossenes
System für die Herstellung von Automatenkartogrammen
und die automatische Aufbereitung statistischer
Daten (AUKA-Automatenkartogramme) konzipiert. Als
erster Baustein einer Bausteingruppe dieses Programm-

systems konnte ein Programm entwickelt und erprobt
werden, das im folgenden kurz vorgestellt wird.

Das Programm ist ein Darstellungsprogramm zur
Erzeugung von Flächenkartogrammen auf Gitternetz-
basis. Es wurde für die in der DDR produzierte
mittlere EDVA Robotron 300 entwickelt und ist in
MOPS geschrieben. Als Datenträger werden Lochkarten
verwendet. Der Ausdruck der Kartogramme kann wahlweise über Schnelldrucker (on-line-Betrieb) oder
mittels eines 8-Kanal-Lochstreifens über den Organisationsautomat Optima 528 (off-line-Betrieb) erfolgen.

Das Programm übernimmt noch nicht die Aufgabe der
Ermittlung der Schwellenwerte. Diese müssen über
eine Parameterkarte dem Rechner eingegeben werden.
Die statistischen Daten können in beliebiger Reihenfolge abgelocht werden, da vor der Eingabe in die
Lochkarten- Lese- und-Stanzeinheit des Rechenautomaten eine automatische Sortierung auf der Sortier-
maschine durchgeführt wird.

Das Programm wurde am Beispiel eines 1-km-Netzes
erprobt. Dabei läßt sich etwa die Fläche eines Kreises abbilden. Natürlich kann die Gitternetzweite
beliebig variiert werden, so daß beispielsweise
auch Städte oder Stadtteile (100-m-Gitter) oder
mehrere Bezirke (10-km-Gitter) usw. dargestellt werden können. Das hier vorgestellte und jederzeit
erweiterungsfähige Programm ist vielseitig anwendbar.
Einsatzmöglichkeiten bestehen z.B. in Gesellschafts-
wissenschaft, Wirtschaftswissenschaft, Sozial- und
Verwaltungswesen, Städtebau und Städteplanung, Terri-
torial- und Landesplanung, Land- und Forstwirtschaft
und nicht zuletzt in der Kartographie selbst.

87. Koch, W.-G.

Zur Herstellung von Automaten-Flächenkartogrammen
mit dem daro-Gerätesystem C 8205 und Optima 528.
"Vermessungstechnik", Jg. 20 (1972), H. 6, S. 211-214

Der Verfasser berichtet über den unterschiedlich
starken Einsatz von Printerkarten und über eine
Weiterentwicklung in der DDR, vor allem über
den Einsatz von Rechenautomaten und Schreibwerken
mit kleineren Dimensionen. Hauptgerät ist der
digitale Kleinrechner C 8205, ein Einadreßautomat.
Er setzt sich zusammen aus der Zentraleinheit mit
Rechenwerk, Leitwerk, Magnettrommelspeicher und
Tastatur-Anzeige-Einheit, der 1. Peripherie
mit zwei Lochbandlesern, einem Lochbandstanzer und
einem Schreibwerk für alphanumerische Ein- und
Ausgabe.

Als 2. Peripherie können die daro-Geräte C 8008
(Schreibmaschine mit Lochbandstanzer), C 8031 und
C 8032 (alphanumerische Datenerfassungsgeräte),
C 8024 (Lochbanddoppler) und Optima 528 (Organisationsautomat) eingesetzt werden. Für die Kartogrammherstellung nach DAPROF 100 genügt als Gerät der 2. Peripherie im Prinzip der Optima 528.
Er kann als Datenerfassungsgerät und als Loch-
banddupl4ziergerät dienen. Seine Hauptfunktion
besteht jedoch darin, die Kartogramme auszudrucken.

Fast alle Betriebe des VEB Kombinat Geodäsie und
Kartographie, aber auch viele andere an kartographischen Darstellungen interessierte Dienststellen, verfügen heute über den Rechner C 8205
und den Organisationsautomat Optima 528. Da die
genannte Gerätetechnik zudem nur verhältnismäßig geringe Kosten bei Neuanschaffung und Betrieb verursacht, ist sie für die automatische
Kartogrammherstellung recht gut geeignet.

Das Schreibwerk des Organisationsautomaten liefert
zunächst nur den "nackten" Ausdruck. Mit diesem

allein ist im allgemeinen wenig anzufangen und
ihn als kartographisches Produkt zu bezeichnen, wäre vermessen. Wenn der Kartennutzer sich schon einmal umstellen muß vom "schönen" althergebrachten
Bild auf ein ihm ungewohntes, das in erster
Linie von den Erfordernissen der EDV-Technik ge-
prägt ist, dann sollte zumindest versucht werden,
im Rahmen der gegebenen Möglichkeiten gestalteri-
sche Maßnahmen durchzuführen, die das Automaten-
kartogramm weitestgehend kartographisch qualifizie-
ren.

Das genannte Verfahren erlaubt keinen Übereinanderdruck von Zeichen.

88. Krakau, W.

Untersuchungen zum Einsatz von Lichtsetzautomaten
in der thematischen Kartographie
"Vermessungstechnik", Jg. 20 (1972), H. 2, S.45-48
Ausgehend von Voruntersuchungen des Verfassers
zur Erzeugung kartographischer Punkt-, Linien- und
Flächensignaturen mittels Lichtsetzgeräten zum plazierten Signatur- und Schriftsatz sowie Diagramm-
satz wurde im Jahre 1971 der plazierte Lichtsatz
von Säulendiagrammen und Schrift auf der Linotron
505 untersucht.

Als Ergebnis liegt nun eine erste Karte der DDR
im Maßstab 1 : 750 000 vor, deren Thema auf
die Kreise der DDR bezogen ist.

Der grundlegende Gedanke zum Einsatz der LINOTRON
505 in der thematischen Kartographie stützt sich
auf die Möglichkeit, den Filmvorschub als "Tiefwert"
und den Querlauf des Wanderobjektivs als "Rechtswert" in einem rechtwinkligen Koordinatensystem
zu definieren.

Da die thematischen Sachverhalte nach einem konstanten Plazierungsprogramm auf ihre Standorte in der
Grundkarte bezogen werden, muß auch die Grundkarte

eine gewisse graphische Konstanz besitzen, um bei
wechselnden Themen nicht ständige Überarbeitungen
auszulösen.

In die vorliegende Grundkarte 1 : 750 000 wurden
die Staatsgrenze der DDR, die Bezirksgrenzen, die
Land- und Stadtkreisgrenzen, die Kreisnamen und
die Küstenlinie mit einem Rasterband aufgenommen.
Gemäß dem für die Untersuchung gewählten Thema
"Prozentualer Anteil der Bevölkerung territorialer
Einheiten an der DDR-Bevölkerung" bot sich eine
solche einfache Darstellung an. Ein System von
Grundkartenvarianten, deren Einzelfolien sich
je nach Thema zusammenstellen lassen, ist beim
Ausbau des Verfahrens vorgesehen. Die Farb-
gestaltung für den Druck oder eine Mehrfachkopie
wurde so gehalten, daß auch bei wechselnden thematischen Darstellungen keine Retusche erforderlich
wird. Helle Töne dominieren und stören unter den
kräftigen Farben der Thematik nicht.

Für die Darstellung des Themas wurden plazierte
Säulendiagramme benutzt. Die Säulen sind aus Mehr-
fachbelichtungen von Einzelzeichen der Schriftma-
trizen aufgebaut. Benutzt wurden das Versal-I
bzw. das "Divis"(Bindestrich) der "Helvetica
halbfett" und der "Helvetica gewöhnlich", so
daß die Säulen grob oder fein gerastert erscheinen.
Säulen anderer Struktur können durch andere Zeichen erzeugt werden. Volltonsäulen, die später
beliebig mit Filmkopierrastern zu strukturieren
sind, lassen sich mit Hilfe des Gedankenstriches
einer "halbfetten" oder "fetten" Schrift herstellen. Um auf der gleichen Grundkarte verschiedene
Themen mit einem konstanten Plazierungsprogramm
realisieren zu können, mußte für jede Kreisfläche
ein optimales "Säulenreservat" gefunden werden,
in dem auch das definierte Säulenmaximum abbildbar

ist. Versuche ergaben für 1 : 750 000 eine Fläche
von etwa 34 mm Höhe und 4 mm Breite, in der eine oder
auch mehrere schmale Säulen und gegebenenfalls
auch Zahlen erzeugt werden können, ohne daß sich
die Darstellungen gegenseitig berühren oder ungünstig
beeinflussen. Im vorliegenden Beispiel wurden jeweils eine Säule von 1,4 mm Breite und die dazu-
gehörige Zahl gesetzt. Das definierte Säulenmaximum
beträgt 30 mm und die Zahlen haben eine Größe von
5 p.
Durch den getrennten Satz der Säulen und Zahlen
erhält man zwei oder mehrere Filme, die gegenein-
ander verschiebbar sind, so daß Säulen verschiedener Thematik nebeneinander und Zahlen neben, auf
oder auch unter den Säulen stehen und auch farb-
getrennt verarbeitet werden können.

Im vorliegenden Beispiel sind die Säulen in einem
kräftigen Rot und die Zahlen in Schwarz gehalten,
so daß sie gegen die farblich "leichtere" Grundkarte ohne Freistellungsretusche kontrastieren.

Das Bilderzeugungsprogramm für Säulen und Zahlen
ist nach den vorangegangenen Ausführungen in seinen
einzelnen Kriterien je nach Thema variabel. Es
können jedoch auch bestimmte Angaben konstant gehalten werden. Letztlich sind nach redaktionellen
Festlegungen die Anzahl der Zeichen für die Säulen
bzw. die zu plazierenden Zahlen in Bewegungsdatenbänder einzutasten oder mittels EDV als Programm-
ausgabe zu gewinnen. Die Bewegungsdatenbänder sind
im Rechner mit dem Stammdatenband zu verschmelzen.

Anwendungsgebiete des erläuterten Verfahrens er-
schließen sich überall dort, wo eine große Anzahl
thematischer Darstellungen als raumbezogene Informationen benötigt werden. Qualität und Schnelligkeit des Verfahrens gruppieren Karten dieser Art
zwischen die graphisch repräsentativen und die
vorwiegend informatorisch operativen kartographi-

schen Erzeugnisse ein. Die Vorteile treten besonders deutlich dort zutage, wo es gelingt, eine
rechentechnische und organisatorische Verbindung
zwischen der Datenerfassung und der Datenverarbeitung
zu schaffen. Als Nutzer des Verfahrens sind die
Zentralverwaltung für Statistik, statistische Abtei-
lungen von Ministerien, territoriale Planungsorgane
sowie wissenschaftliche und andere Institutionen
denkbar.

Durch Ausgabe von Filmdiapositiven läßt sich
auch technologisch günstig die weitere Vervielfältigung mittels farbiger Folienkopie oder mittels mehr-
farbigem Offsetdruck anschließen.

89. Lang, T.

Computer Programs for Mapping- developed by the
Experimental Cartography Unit (to September 1970).
o.O. 1971
Der Verfasser beschreibt die von der ECU bereit-
gestellten Möglichkeiten für den Einsatz der EDV in
der thematischen Kartographie. Im Hauptteil werden
36 von der ECU entwickelte Programme und deren
Handhabung detailliert beschrieben. Die meisten
Programme sind in FORTRAN geschrieben und werden
gegenwärtig auf einem PDP 9 Computer gefahren.

Eine genaue Darstellung der Instruktionen, eine
Leistungsübersicht für jedes der entwickelten Programme und deren gegenseitige Beziehungen führt in
die Programmdarstellung ein. Ein weiterer Abschnitt
beschreibt, wie kartographische Daten im Computer gespeichert werden, wobei ein Vorschlag für ein
allgemein gültiges Format für die Datenspeicherung
auf Magnetband entwickelt wird. Darüber hinaus
werden die Organisation und die Maschinenkonfigura-
tion der ECU beschrieben.

Im Hauptteil des Berichts werden 36 Programme vorgestellt und beschrieben, wobei nach Funktionen unter-

schieden werden: Input-Programme, Output-Programme,
Korrektur-Programme und Utilities, Programme für
die Erzeugung von regulären Gitternetzen und Isolinien sowie allgemeine Verarbeitungsprogramme.

90. Lendi, Martin

Informationsraster. Veröffentlichungen des Instituts
für Orts-, Regional- und Landesplanung an der ETH-
Zürich. Dokumentations- und Informationsstelle
für Planungsfragen (DISP) Nr. 24 (Sondernummer),
Zürich, Juni 1972

Das Institut für Orts-, Regional- und Landesplanung
an der ETH-Zürich berichtet über den Aufbau eines
Informationssystems für die Raumplanung, in dem als
Ausgabegeräte auch Schnelldrucker und Plotter vorgesehen sind. Als Beispiel wird eine SYMAP-ähnliche
Karte gezeigt. Im übrigen wird über den Aufbau des
Informationssystems (Daten, Datengruppierung,
Speichermedien, Interne Datendarstellung, Datenorganisation, Informationssystem), über die Verwendung von Datensätzen aus der Volkszählung 1970
für das Informationsraster, die Möglichkeit der
Luftbildinterpretation zur Nachführung des Infor-
mationsrasters und die Anwendung der Arealstatistik
berichtet.

91. Linders, J.G.

Computer Technology in Cartography
"Internationales Jahrbuch für Kartographie",Jg.13
(1973), S. 69-80

Die Einführung der Computer-Technologie in die
Kartographie hat zu den neuen Vorstellungen hinsichtlich der Be- und Verarbeitung kartographischer
Daten geführt. Dieser Aufsatz legt die Grundbegriffe
von Computer-Verarbeitung und Computer-Systemen dar
und bringt sie in Beziehung zum Gebiet der Kartographie. Die mit der Entwicklung einer automatisierten Kartographie verbundenen Überlegungen berücksichtigen insbesondere das bei der Vermessungs-

und Kartenabteilung des Department of Energy, Mines
and Resources in Kanada entwickelte System.

Es wird ein Überblick über die aus der automatisierten Kartographie gewonnenen Vorteile gegeben, wobei
besonders betont wird, was mit Hilfe der gegenwärtigen Technologie zur Zeit überhaupt möglich ist.
Die Tatsache, daß hierbei das graphische Manuskript
durch digitale Datengrundlagen ersetzt wird, eröffnet aufregende neue Möglichkeiten. Zweck und Ziel
dieser Datengrundlagen und die Schwierigkeiten werden
erörtert. Es folgt eine Zusammenfassung des derzeitigen Entwicklungsstandes in bezug auf Datengrundlagen.

92. McCullagh, Michael J. und Sampson, Robert J.
    User Desires and Graphics Capability in the Adademic
    Environment
    "The Cartographic Journal", Vol. 9 (1972), S.109-122

Der Beitrag beschäftigt sich mit den unterschiedlichen Bedürfnissen von Organisationen und Wissen-
schaftlern bezüglich der automatischen Kartographie.

Bisher wurden die graphischen Möglichkeiten, die der
Wissenschaftler selbst einsetzen kann, von anderen
angeboten. Da die Nachfrage nach graphischen Aufgaben weiter wachsen wird, wird dies künftig nicht
mehr möglich sein. Der wissenschaftliche Benutzer
wird die graphischen Ausgaben unter Verwendung
einiger Programmpakete, in die er sich mit minimalen
Bemühungen einarbeiten kann, selbst herzustellen
haben.

Zweck des Aufsatzes ist es, aus der Sicht des Benutzers zu umreißen, was ein solches Programmpaket mindestens enthalten sollte und ihm gleichzeitig das
notwendige Wissen für die Handhabung eines solchen
Programmpakets zu liefern.

93. McGlashan, N.D. u. Bond, D.H.
   A Method for Using Computer Assistance in Mapping
   Geographical Synoptic Data
   "Die Erde", Jg. 98 (1967), H. 4, S. 292-297

   Am Beispiel der geographischen Verbreitung von
   ca. 500 Krankheiten in Afrika wird ein sehr einfaches kartographisches Verfahren erläutert. Dabei
   werden sowohl einzelne Krankheiten als auch gewisse
   Umweltfaktoren jeweils getrennt in Karten dargestellt, um mittels grenzüberschreitender Vergleiche der verschiedenen Verteilungen zu Aussagen über
   bestimmte Zusammenhänge zu kommen, die sonst nicht
   oder schwer zu erkennen sind.

   Vorgehensweise
   1. Vorbereitung der Basiskarte (einfache topo-
      graphische Karte mit symbolhafter Darstellung
      der Krankenhäuser, die die Daten liefern).
      Ablochen, Speichern und Verarbeiten der Daten
      per Computer.
   2. Für diese vorbereitete Grundkarte wird im
      gleichen Maßstab durch den Computer ein "overlay"
      erstellt, das lediglich Ziffern an genau den
      Stellen enthält, an denen sich die Symbole
      für die Krankenhäuser befinden. Die Ziffern
      stellen 5 Häufigkeitsklassen dar.
   3. Beide Karten werden übereinander gedruckt, die
      Symbole schattiert und ggfl. Isolinien ge-
      zeichnet.
   Verwendete Geräte:

   IBM 1620/II, Plattenstapel und Schnelldrucker,
   Lochkartenstanzer.
   Die Lokalisierung der Ziffern des overlay er-
   folgte durch Auszählen eines vereinfachten "Raster-
   blattes" und entsprechender Formatangabe für den
   Computer.
   Die größten Vorteile dieses einfachen Verfahrens
   sind die Zeitersparnis, insbesondere bei der Fra-
   gebogenauswertung, und die Reduzierung der Fehler-
   möglichkeiten bei deren manueller Auswertung.

94. McIntyre, Donald; Pollard, David; Smith, Roger
    Computer Programs for Automatic Contouring
    "Computer Contribution", Nr. 23 (1968), State
    Geological Survey, The University of Kansas,
    Lawrence

    Geologen sind an der Anfertigung von Höhenlinien
    interessiert, weil dies eine traditionelle und sehr
    effiziente Technik für die visuelle Darstellung
    von Informationen ist. Die manuelle Anfertigung
    ist eine subjektive Prozedur, die anfällig für
    Irrtümer und versteckte Fehler ist. Empirisch
    definierte, mechanisierte Prozeduren wie z.B.
    in Computerprogrammen, sind nicht notwendig besser
    als andere Methoden, aber sie haben den Vorteil
    der Reproduzierbarkeit und Konsistenz. Sie
    haben außerdem den sehr großen Vorteil extrem
    schneller Herstellung.

    Aufgabe der Programme ist es, Konturkarten mit
    irregulären räumlichen Daten, Neigungsflächen
    und Risiduen zu zeichnen. Das hier vorgestellte
    Konturprogramm basiert auf einem Quadratgitter-
    netz, dessen Punkte durch eine Neigungsfläche
    zweiten Grades determiniert sind und jeweils auf
    die nächstgelegenen Punkte ausgerichtet ist.

    Das Programm verwendet ein Quadratgitternetz. Die
    Quadrate sind in gleichschenklige Dreiecke ein-
    geteilt, die sich im Mittelpunkt des Quadrats
    treffen. Es verzichtet bewußt auf die aus der
    Zerlegung einer Kurvenlinie in Geradenstücke folgen-
    den Verwendung von Dreiecksnetzen mit hexagonaler
    Grundstruktur.

95. Map-Making by Machine. (Maschinelle Kartenherstellung)
    "New Scientist", Bd. 23 (1964), S. 379
    In vierjähriger Zusammenarbeit von Oxford University
    Press und Dobbie McInnes (Electronics), Glasgow
    wurden Verfahren und Geräte für die weitere Auto-
    mation in der Kartographie entwickelt.

Die in einer Vorlage (z.B. Entwurf) enthaltenen
Informationen werden durch Nachziehen mit einem
Führungsstift gespeichert, und zwar Linien- und
Flächenelemente (kontinuierlich) auf Magnetband,
Punkte (Punktsignaturen) und Schrift auf Lochkarten.
Die Maschine stellt danach unter Verwendung eines
optischen Projektors von Barr & Stroud die reproduk-
tionsfähigen Originale in Form von photographischen
Negativen her. Änderungen des Maßstabes sind möglich. Spätere Zusätze und Änderungen können nach-
träglich jederzeit in den jeweiligen Informationsspei
cher aufgenommen werden. Der Zeitbedarf für Neu-
zeichnung vorhandener Karten bzw. Reinzeichnung
vom Entwurf kann so auf einen Bruchteil des
bisherigen Aufwandes reduziert werden.

96. Meine, Karl-Heinz
    Bibliographie zur Automation in der Kartographie
    Manuskriptdruck des Institutes für Kartographie
    und Topographie der Universität Bonn, Bonn (1969)
    Recht früh wurde erkannt, daß der Umstellung der
    früheren manuellen Verfahren der Kartographie
    im Hinblick auf die Mechanisierung der karten-
    technischen, mehr noch der reproduktionstechni-
    schen Prozesse einerseits Grenzen gesetzt waren, an-
    dererseits die Mechanisierung in einem bestimmten
    Endstadium in eine (Teil-)Automatisierung ausge-
    wählter Aufnahme- und Darstellungsbereiche übergehen
    müßte. Nur so ist die noch immer zunehmende Forderung
    nach vermehrter, dabei noch schnellerer Kartenproduk-
    tion (einschließlich des Riesenproblems der
    Kartennachführung) zu verwirklichen. Erste Über-
    legungen sind mit den Namen von C.S. SPOONER Jr.
    (1957-1959), W.R.TOBLER (seit 1959) und D.P.BICK-
    MORE (seit 1964) verknüpft.

    Bei der vorliegenden Arbeit entstand die Frage,

inwieweit von etwa 1000 zusammengetragenen Titeln
eine sinnvolle Auswahl zu treffen wäre, um die
vorliegende Bibliographie zu einer effektiven
Arbeitsunterlage zu machen. Es wurde entschieden,
Firmenschriften auszuklammern, kurze Hinweise
weitgehend auszuschalten und den einleitenden
Abschnitt so kurz wie möglich zu halten. Somit ergab sich die folgende Gliederung:

I. Allgemeines (Automation als Aufgabe und
    Problem);

II. Arbeiten aus Nachbarbereichen zur Karto-
     graphie;

III. Grundlegende Beiträge über Automation in der
      Kartographie;

IV. Kartierungssysteme;

V. Topographische Kartographie;

VI. Thematische Kartographie;

VII. Tagungsergebnisse.

97. Meinicke, G.
    Entwicklung eines Rasterplotters von der PRAKLA-
    SEISMOS GMBH
    "Nachrichten aus dem Karten- und Vermessungs-
    wesen", Reihe I: Originalbeiträge, H. 61,
    (1973), S. 51-63
    Aus der Notwendigkeit heraus, monatlich Hundert-
    tausende seismischer Spuren aus der Lagerstätten-
    forschung graphisch darzustellen, begann die
    PRAKLA-SEISMOS GMBH vor etwa 10 Jahren spezielle
    Apparaturen, sogenannte Profilographen, für diese
    Aufgaben zu entwickeln. Die stetige Verbesserung
    der Profilographen in den folgenden Jahren führte
    schließlich Ende 1971 zu dem Beginn der Neuent-
    wicklung des "Digitalen Universal Profilographen"
    KPU.
    Der KPU als Rasterplotter läßt sich auch für Zwecke
    der automatischen Kartographie benutzen, und zwar

besonders vorteilhaft bei hoher Dichte der darzustellenden Information und - im Gegensatz zu traditionellen Plottern - auch für Flächendarstellungen in verschiedenen Grautönen.

Z.Z. werden erste Erfahrungen im Labor gesammelt.
Der KPU besteht aus drei Teilen: einem 9-Spur-Band-
laufwerk zur Dateneingabe, einem Steuerrechner und
dem Schreibteil, in dem ein auf einer rotierenden
Trommel von 1250 mm Umfang aufgespannter Film
von einem auf- und abblendbaren, oszillierenden
Kathodenstrahl punktweise in 16 (aus einer Skala
von maximal 256 Stufen frei auswählbaren) Grau-
werten belichtet wird, und zwar mit der hohen
Geschwindigkeit von 1 m^2 Zeichenfläche in 5 Minu-
ten, einer Auflösung (Dimension der Rasterpunkte)
von wahlweise 0,05,0,1 oder 0,2 mm und einer Überall
genauigkeit von 15μ. Während einer Trommelumdrehung
wird jeweils ein Filmstreifen von bis zu 4,8 mm
Breite belichtet - entsprechend der maximalen Ablen-
kung des Kathodenstrahls bei einem Oszillations-
vorgang; die Länge des Streifens beträgt maximal 1m.
- Den Rasterplotter online mit einem Großrechner zu
betreiben, hat sich vorwiegend wegen der Rechen-
intensität der Basissoftware als weniger zweckmäßig erwiesen als ein Offline-Betrieb durch einen
mittleren Rechner, der z.Z. zwar noch auf vorbe-
arbeitete Magnetbänder aus einem Großrechner an-
gewiesen ist, künftig aber auch die Basissoftware
übernehmen soll. - Eine Erweiterung des Rasterplotters zu einem (evtl. sogar farbempfindlichen)
Raster-Digitizer ist geplant.

98. Mettler, W.
Die Anwendung der EDV zur Abgrenzung von Regionen
am Beispiel des Wynentales, in"Geographica Helvetica" (noch nicht erschienen)

Über den Begriff der Region wird gegenwärtig am
Geographischen Institut ETHZ eine quantifizierende
Untersuchung durchgeführt. Als Untersuchungsgebiet
dient das aargauische und luzernische Wynental.
Dabei gelangen statistische und kartographische
Methoden zur Anwendung, die den Einsatz der elektronischen Datenverarbeitung (EDV) notwendig machen. Die EDV hilft, objektive Kriterien
für die Regionsbestimmung zu finden. Die Regionalisierung kann auf zwei verschiedene Arten vorgenommen werden:

- induktive Methode, basierend auf Merkmalshäufungen
- deduktive Methode, basierend auf Modellvorstellun-
  gen

In der genannten Arbeit wird vorerst die induktive
Methode angewandt. Dies bedingt aber, daß sehr
viele Komponenten berücksichtigt werden müssen.

Die EDV kann schon in der ersten Phase der Arbeit,
bei der Datenerhebung, nutzbringend eingesetzt werden, ganz besonders, wenn das im Aufbau befindliche Informationsraster des Institutes für Orts-,
Regional- und Landesplanung verfügbar sein wird
(s.dort, 38). Zur Zeit müssen die Daten für die
Einzelkomponenten in großer Kleinarbeit zusammen-
gesucht und in einer Arbeitsdatenbank gespeichert
werden.

Statistische Methoden, wie z.B. Histogramme, oder auch
die Faktorenanalyse erleichtern die Auswahl der
Komponenten, welche im späteren Verlauf der
Arbeit benutzt werden. Bei der Auswahl der Komponenten erlaubt die Faktorenanalyse, eine große
Anzahl Einzelkomponenten ohne wesentlichen Infor-
mationsverlust auf eine geringere Anzahl Faktoren
zu reduzieren. Die Faktorenanalyse ist ohne EDV
praktisch nicht durchführbar. Auf jeder größeren

Rechenanlage stehen daher für deren Berechnung spezielle Programme zur Verfügung.

In der Untersuchung des Wynentales sind die Datensätze so zusammengestellt worden, daß 22 bzw. 24 Komponenten (Datensatz 1 mit 22 Komponenten der Jahre 1950/52/55 und Datensatz 2 mit 24 Komponenten der Jahre 1958/60/65) weiter berücksichtigt werden konnten. Diese Komponenten repräsentieren die quantifizierbaren Aspekte der Arealverteilung (4 Komponenten), der Sozial-(10 bzw. 12 Komponenten) und Wirtschaftsstrukturen (8 Komponenten). Rund die Hälfte der Komponenten sind Relativwerte, z.B. Prozente, Dichten.

Für die Interpretation der Komponenten gehören die thematischen Karten und die beurteilende Statistik zu den wichtigsten Grundlagen.

Die Darstellung der flächen- und punktbezogenen Komponenten basiert auf thematischen Kartenentwürfen, welche mit Hilfe der EDV hergestellt werden. Das Computerprogramm THEMAP verarbeitet Daten punktbezogener Mengen, z.B. Einwohnerzahlen zu thematischen Kartenentwürfen. Die Mengen werden in Diagrammform mit dem Plotter gezeichnet. Flächenbezogene Komponenten, z.B. Bevölkerungsdichten, können mittels Schnelldrucker in thematische Kartenentwürfe umgesetzt werden. Dazu dienen das Computerprogramm GEOMAP oder das einfachere Computerprogramm KARTE2T. Linienbezogene Komponenten, z.B. Pendlerströme, können noch nicht mit einem allgemein anwendbaren Computerprogramm gezeichnet werden. Die bestehenden Programme erlauben dem Kartenautor, Darstellungsentwürfe so zu verändern, bis der Inhalt optimal zur Geltung kommt. Diese Kartenentwürfe werden zu thematischen Karten weiterverarbeitet.

Zu den Mitteln der beurteilenden Statistik gehören
neben Mittelwert- und Varianzberechnungen die
Regressions- und Korrelationsrechnung. Auch hier
ist die EDV von großem Nutzen. Systemroutinen und
Computerprogramme, welche das Resultat mit Diagrammen
ergänzen, haben sich als rationell und breit anwendbar erwiesen.

99. Mettler, W.

Die Region, Bestimmung mit Hilfe statistischer und
kartographischer Methoden (Dissertation, noch nicht
veröffentlicht), Zürich

In dieser Dissertation kommen Computerprogramme
für Darstellungsentwürfe flächenbezogener Komponenten und von Pseudoarealkarten zur Anwendung,
z.B. GEOMAP (vgl. Steiner, D. und Matt, O.:
GEOMAP, Computerprogram for the Production...) oder
KARTE 2 T (vgl. Mettler, W.: KARTE2T, Computerprogramm für die graphische Darstellung von flächenbezogenen Mengen mit Hilfe des Schnelldruckers).

100. Mettler, W.

KARTE2T
Computerprogramm für die graphische Darstellung von
flächenbezogenen Mengen mit Hilfe des Schnelldruckers.
Geographisches Institut ETHZ, Zürich, 1972

Das Programm KARTE2T ist für den Benützer ein Hilfsmittel, um flächenhafte, thematische Kartenentwürfe
herzustellen. Maximal 60 verschiedene Flächeneinheiten mit beliebiger Form und maximaler Breite von 34cm
(=135 Printzeichen)können als Flächenraster aufgenommen werden. Die zu jeder Flächeneinheit gehörende
Größe wird in die gewählten Klassenintervalle eingeteilt, diese werden entsprechend dem Flächenraster
mit den den Klassenintervallen zugeordneten Symbolen
geprintet. Das Programm läßt 10 Klassenintervalle zu.
Es können, dank einer Kodekarte, beliebige Änderungen
innerhalb eines Themas vorgenommen werden, ohne daß
nochmals eingegeben werden muß. Die Anzahl der Themen,
d.h. der thematischen Karten ist pro Eingabe beliebig.

Für Kartenautoren, welche von einem Gebiet viele

Karten produzieren, lohnt sich der Aufwand für das
Herstellen des Flächenrasters. Das Programm hilft
ihm, möglichst optimale Entwürfe zu erreichen, die
durch Kartographen weiterverarbeitet werden können.

1o1. Mettler, Werner
   Thematische Karten für den Raum Aarau -Wynental
   Diplomarbeit, Geographisches Institut ETHZ.
   Zürich 197o

   Es werden u.a. die Anwendungsmöglichkeiten des
   Computerprogramms THEMAP untersucht, das für die
   Darstellung punktbezogener Mengen entwickelt wurde. Die Darstellungsentwürfe werden auf dem Plotter gezeichnet. Das Programm wird vom Verf. in
   der Weise weiterentwickelt, daß der Output auf
   dem Digigraph (interaktives graphisches System)
   erscheint und dort redigiert werden kann.

1o2. Mettler, Werner
   Zur Eidgenössischen Volksabstimmung vom
   19./2o.5.1973 über die Aufhebung der Ausnahme-
   artikel 51 und 52 der Bundesverfassung
   "Geographica Helvetica", Jg.28 (1973) H.3,
   S. 164-167
   Der Verf. demonstriert an diesem Beispiel die An-
   wendungsmöglichkeit des aus "KART2T" entwickelten Programmes "KART3T", das im Gegensatz zum
   erstgenannten Programm den Zeichenüberdruck und
   das Erstellen eines Klassenhistogramms ermöglicht.

1o3. Meynu, E.
   Datenverarbeitung in der thematischen Kartographie.
   "Beiträge zur Themat. Kartograph., Forschungs-
   und Sitzungsberichte", Bd. 51 (1969), S. 11-26

   Mit dem Einsatz automatischer Zeichengeräte in der
   thematischen Katographie wird Neuland betreten.
   Es wird notwendig sein, in einem Forschungspro-
   gramm die sich bei der Programmierung von DV-Sy-
   stemen ergebenden Probleme an praktischen Beispielen eingehend zu durchdenken. Gewiß werden sich
   im einzelnen noch bessere Lösungen und noch größere Zeitersparnisse gewinnen lassen. Bei der
   Anschaffung der kostspieligen Geräte werden jedoch

nicht nur die Zeitraffung und die Kostenerspar-
nis im einmaligen Falle, sondern die Effektivität
d.h. wieweit ein laufender Einsatz gegeben ist,
entscheiden müssen. Die in der Kostenberechnung
gegebenen Angaben setzen Volleinsatz voraus.

Die graphischen Wandlungen unserer statistischen
Kartenbilder durch die automatischen Zeichenverfahren bedeuten jedoch keine neuen Ausdrucksformen katographischer Aussagen. Die teil- wie voll-
automatischen Kartenherstellungsverfahren sind
jedenfalls zunächst an die im Laufe der Zeit entwickelten kartenlogischen Ausdrucksformen gebunden. Wohl mögen in der Häufigkeit der Anwendung
einzelner Ausdrucksformen Änderungen eintreten.
Die in Punktzeichen aufgelöste Felddarstellung
und die Pseudoisoliniendarstellung des SYMAP-Ver-
fahrens gewinnen plötzlich eine Verbreitung, wie
sie diese bisher nicht besessen haben. Die automatische Kartenherstellung mag in dieser Weise
möglicherweise zu einer stärkeren Beschränkung
auf bestimmte Ausdrucksformen kartographischer
Aussage führen.

Es ist jedoch keineswegs so, daß der handwerklich
arbeitende Kartograph künftig gegenüber der automatischen Technik seine Arbeit aufgeben müßte.
Es wurde darauf hingewiesen, daß bei mehreren Verfahren teilautomatische Lösungen der rationelle
Weg seien. Die thematische Kartographie wird die
neuen Entwicklungen nicht außer acht lassen dürfen. Die neuen Verfahren werden den Wissenschaftler in vielem von mechanischer Arbeit befreien;
sie werden die technische, zeichnerische Ausführung der Karte beschleunigen. Wir entwickeln eine
kartographische Formelsprache; jedoch eine sorgfältige Inhaltsanalyse der in eine Karte umzusetzenden Information wird künftig noch mehr als
bisher unabdingbare Forderung sein, enbenso wie

es nach wie vor der schöpferisch gestaltenden
Kartographen weiter bedarf.

Was uns die Entwicklung sorgenvoll erörtern läßt,
liegt im übrigen nicht beim Zeilendrucker und
Graphomaten, sondern bei der elektrischen Rechenanlage in der Verwendung und Aufbereitung statistischer Werte. Die elektronisch gesteuerte Rechenanlage läßt uns geradezu kinematographisch
die unterschiedlichen Wertrelationen ausführen.
Hier ist die Gefahr, daß wir dem Zahlenspiel unterliegen. Es heißt wach sein und jeweils kritisch
prüfen, inwieweit der Informationsgehalt eines
Verhältniswertes oder eines Indizes noch dem Sach-
und Regionalverhalt der geographischen Wirklichkeit entspricht. Eine sorgfältige Inhaltsanalyse
der in eine Karte umzusetzenden Information ist
und wird künftig noch mehr die unabdingbare Forderung für den Umgang mit der Zahl und Karte sein.

lo4. Meynen, E.

Die Verwendung programmgesteuerter Zeichengeräte bei Entwurf und Zeichnung statistischer Themakarten
"Nachr. Kart. Verm.", Reihe I, Heft 47(1970),S.47

Der Verfasser berichtet nach kurzer Beschreibung
der möglichen Kartentypen bei der Darstellung
von statistischen Daten sowie der auf dem Markt
befindlichen automatischen Zeichengeräte über das
Arbeitsvorhaben "Entwicklung und Erprobung eines
problemorientierten Programmsystems zum Zeichnen statistischer Karten". Dieses Vorhaben führte
die Firma Zuse KG, Bad Hersfeld im Rahmen des
Industrieförderungsprogramms "Förderung der Forschung und Entwicklung auf dem Gebiet der Datenverarbeitung für
öffentliche Aufgaben" in Zusammenarbeit mit dem
Institut für Landeskunde durch.

Obgleich die Arbeiten inzwischen wegen Einstel-
lung der Entwicklungsarbeiten an Zuse-Zeichen-
maschinen beendet werden mußten (vgl. Bericht
Ganser, Rase, Schäfer: EDV-Konzept des Institutes
für Landeskunde), sind die Darstellungen des Verfassers über die Organisation und Kostengestaltung von automatisierten Arbeiten bei der Fertigung von thematischen Karten von Bedeutung.

lo5. Migneron, Jean-Gabriel
Cartographie automatique et traitement des
données de planification (Automatische Kartographie und die Verarbeitung von Planungsdaten)

Seit einigen Jahren geht die automatische Verarbeitung numerischer Angaben weit über den Bereich
der Statistik hinaus und befaßt sich ebenso mit
graphischen Darstellungen und Kartenzeichnungen.
In diesem Bereich wurden schon zahlreiche Programme ausgearbeitet, besonders vom Laboratorium für
Computergraphik der Universität Harvard. Man kann
sich vorstellen welche Möglichkeiten ein solches
Verfahren für die Studien der Stadt- und Regionalplanung hat. Der Einsatz von Computern wird
wahrscheinlich eine Veränderung der bisherigen
Volkszählungsraumeinheiten mit sich bringen, und
sicherlich ein gutes Werkzeug zur Analyse im
Städtebau sein.

lo6. Ministerpräsident des Landes Schleswig-Holstein
Raumordnungsbericht 1971 der Landesregierung
Schleswig-Holstein (Landesplanung in Schleswig-
holstein, H. 8), Kiel (1972)

Mit dem vorliegenden Raumordnungsbericht erfüllt
die Landesregierung zum ersten Mal den Auftrag,
den ihr der Landtag durch §2o des Landesplanungs-
gesetzes vom 13.April 1971 erteilt hat. Der erste
von der Landesregierung im Jahre 1965 vorgelegte
Raumordnungsbericht diente der Bestandsaufnahme
der räumlichen Entwicklungstendenzen und zeigte

in den Grundzügen den künftigen Landesraumordnungsplan. Der jetzt vorgelegte Raumordnungsbericht kann aufgrund der inzwischen gemachten Erfahrungen und entsprechend dem gesetzlichen Auftrag über bestimmte "Fragen der räumlichen Entwicklung des Landes" zu berichten, dezidierter
auf Schwerpunkte der Landesplanung ausgerichtet
werden. Die Auswertung der Volkszählung 1970 ermöglicht in wichtigen Teilbereichen der Planung
eine Analyse der Entwicklung im vergangenen Jahrzehnt. Das gilt insbesondere für die Untersuchung
der Tendenzen in wesentlichen Bereichen der Be-
völkerungs- und Wirtschaftsstruktur. Der Stand
der Arbeiten an den Raumordnungsplänen und die
Wertung der zentralörtlichen Gliederung bilden
weitere Schwerpunkte des Berichts. Es ist bewußt
darauf verzichtet worden, Änderungsüberlegungen
zum Landesraumordnungsplan in dem Bericht vor-
wegzunehmen. Spätere Berichte werden neue Schwerpunkte setzen; so wird der nächste Bericht sich
in besonderem Maße mit der Entwicklung der Infra-
struktur befassen.

Bei der Erarbeitung des Raumordnungsberichtes
sind erstmalig in der Bundesrepublik die Ergebnisse der Volkszählung für sozio-ökonomische Raumeinheiten mit Hilfe der elektronischen Datenverarbeitung durch die Datenzentrale Schleswig-Holstein aufbereitet worden. Auf diese Weise konnte
ein umfangreiches Unterlagenmaterial gewonnen
werden. Die Daten wurden mit Hilfe des SYMAP- Programms so aufbereitet, daß hiernach die Druckle-
gung der Karten erfolgen konnte.

Aus den sehr eingehenden Analysen dieses Berich-
tes werden sich zahlreiche Folgerungen für alle
Bereiche der Landespolitik ergeben. Einige sind

in dem Bericht selbst bereits dargelegt - vor
allem in seinem Zentralthema, der Raumordnung;
andere werden in weiteren Darstellungen und Ini-
tiativen der Landesregierung für die einzelnen
Ressorts gezogen.

Die Erfassung der Strukturdaten der Nahbereiche
und ihrer Gemeinden mit Hilfe der elektronischen
Datenverarbeitung rechfertigt die Ankündigung,
daß hiermit der Grundstock einer regionalen Struk-
turdatenbank gelegt worden ist. Die weitere Auswertung der Ergebnisse der Volkszählung 1970 in
Verbindung mit einer gesonderten Erhebung infra-
struktureller Daten, die von der Landesregierung
beabsichtigt ist, soll es ermöglichen, quantifi-
zierte Entscheidungsgrundlagen für die mittel-
fristige Landesentwicklung zu liefern. Diesem
Fragenkomplex soll der nächste Raumordnungsbericht
gewidmet werden.

Der Bericht ist durch den Innenminister erarbeitet worden. Entsprechend dem ressortübergreifen-
den Wesen von Raumordnung und Landesplanung haben
alle Bereiche der Landesregierung an den vorbereitenden Arbeiten mitgewirkt, in besonderem Maße
das Statistische Landesamt und die Datenzentrale
Schleswig-Holstein.

107. Müller, Bert-Günter
     Instrumentelle Voraussetzungen zur Automation
     in der Kartographie
     "Vermessungstechnische Rundschau", Jg. 34 (August
     1972), H. 8, S. 281-324

In der vorliegenden Arbeit werden die instrumentellen Möglichkeiten zur Automation in der Kartographie behandelt. Für ihre sinnvolle und wirt-
schaftliche Nutzung sind weitere Voraussetzungen

zu schaffen bezüglich der automationsgerechten
Organisation katographischer Prozesse, der Bereitstellung geeigneter numerischer Verfahren, der
Entwicklung praxisgerechter Programme, Programmsysteme und Informationssysteme, der Sammlung,
Aufbereitung und Speicherung erforderlicher Aus-
gangswerte in Datenbanken usw.. Die Schaffung
der genannten Voraussetzungen ist bereits vieler-
orts im Gange. Zur Förderung und Koordinierung
der umfangreichen Bemühungen wurde auf Anregung
der Vermessungsverwaltungen der Bundesländer eine
Arbeitsgruppe "Automation in der Kartographie"
gegründet. Größere praktische Untersuchungen für
das Gebiet der topographischen Kartographie sind
insbesondere im Institut für Angewandte Geodäsie -
Frankfurt - sowie bei einigen Landesvermessungs-
ämtern angelaufen; entsprechende Ansätze zur
thematischen Kartographie wurden u.a. aus der
Bundesanstalt für Landeskunde und Raumforschung
- Bad Godesberg - bekannt.

lo8. Mundry, Erich
Zur automatischen Herstellung von Isolinien-
plänen
"Beiheft des Geologischen Jahrbuches", Bd. 98
(197o), S. 77-93

Bei geologischen und geophysikalischen Untersuchungen erhält man oft in unregelmäßig verteilten Punkten Meßwerte, die durch Eintragen von
Isolinien in einem Plan anschaulich dargestellt
werden sollen. Das hier beschriebene Programm
zur Herstellung solcher Pläne mit Hilfe von Rechen-
und Zeichenautomaten ist folgendermaßen angelegt:

Im Prinzip wird die zu betrachtende Fläche in
elementare Dreiecke zerlegt, bei denen entschieden werden kann, ob die betreffende Isolinie durch
das jeweilige Dreieck geführt wird; der Verlauf

wird dann durch lineare Interpolation ermittelt.
Um dieses Dreiecksraster fein genug zu machen,
werden aus den Stützwerten durch geeignete Interpolation Hilfswerte errechnet. Dazu wird in den
Kreuzungspunkten eines hinreichend engen Recht-
eckgitters nach der Methode der kleinsten Quadrate
eine Ausgleichsebene aus den umliegenden Stützwerten errechnet, deren Höhenwert dann als interpolierter Wert an dieser Stelle eingesetzt wird.
Um zu erreichen, daß ein solcher interpolierter
Wert einen vorgegebenen Höhenwert annimmt, falls
dieser mit einem Gitterpunkt zusammenfällt,
werden bei der Ausgleichung die Stützwerte mit
Gewichten versehen, die umgekehrt proportional
einer bestimmten Potenz des Abstandes vom betreffenden Gitterpunkt sind. Durch Einführung eines mittleren Punktes (als Mittel der vier Nachbarwerte) in
jedem dieser Rechtecke wird eine Unterteilung in
jeweils vier Dreiecke erreicht.

Insbesondere bei geologischen Aufgaben, bei denen
oft außer den Meßwerten noch andere Informationen
über den gesuchten Isolinienverlauf vorliegen,
kann sich eine Überarbeitung von Hand als notwendig
erweisen.

Natürlich können mit diesem Verfahren auch Isolinien
für Trendflächen konstruiert werden. Derartige
Trendflächen werden dann berechnet, wenn eine
Ausgleichung der Daten vorgenommen werden soll, um
eine Art "Regionalfeld" zu erhalten. Der Grad
der Trendfläche darf nicht zu hoch gewählt werden,
damit - vor allem in den Randgebieten - keine
Anomalien vorgetäuscht werden.

109. Neumann, J.
    Kotázce automatizace procesu zpracováni informace v
    kartografii (Die Automatisierung der Auswertung
    graphischer Informationen in der Kartographie
    "Geodetický a kartografický abzor", Prag, (1967),
    H. 3, S. 70-71

Für die Speicherung und Systematisierung graphischer
Informationen, wie Druckvorlagen, kartographische
Originale, Karten usw. in Archiven werden in der Weltkartographie immer mehr automatisierte Prozesse angewendet, die auf Digitalform umgewandelte graphische Informationen (Kartenbilder) verwenden. Dadurch
können viele Zusammenstellungsarbeiten unter Zu-
hilfenahme von Rechenautomaten ausgeführt werden.

Die Rückführung der durch einen Rechenautomaten
umgewandelten digitalen Aufzeichnung des Kartenbil-
des in die graphische Form kann dann ein automatischer Koordinatograph ausführen. Zur Zeit sind
ungefähr 30 derartige automatische Systeme in
Betrieb. Die Firma IBM hat mit dem neuen System
IBM 360 eine optische Signaleinheit IBM 2250
entwickelt. Auf dem Bildschirm der Kathodenstrahlröhre dieses Gerätes mit 1 024 x 1 024 Punkten
werden alphanumerische Texte und beliebige graphische Bilder mit Hilfe elektronischer Strahlen dargestellt.
Für die dauernde Speicherung dieser Informationen
in einer geeigneten graphischen Form hat IBM
weitere Einheiten entwickelt, die es ermöglichen,
die Informationen auf Mikrofilm aufzubewahren.
Die Filmausgabeeinheit IBM 2280 kann die in
graphischer Form im Speicher aufbewahrten Daten
auf einen 35-mm-Film übertragen. In dieser Einheit
durchläuft der max. 120 m lange Film ein Expositions-
fensterchen 30,5 mm x 30,5 mm. Die Belichtung erfolgt durch einen programmgesteuerten elektronischen
Strahl. Das ganze Bildfeld ist auf 4 096 x 4 096,
d.h. auf fast 17 Mill. einzelne Punkte aufgeteilt.
Mit Hilfe einer eingebauten Entwicklungseinheit
kann der Film schon 48 Sekunden nach der Belichtung
projiziert werden.

In der Filmeingabeeinheit 2 281 können 35 mm-Film-
aufzeichnungen kopiert und die so gewonnenen Daten
in digitale Form umgewandelt werden, die dann in

einem Rechenautomaten analysiert und ausgewertet
werden.

Zum Kopieren wird der Strahl in zwei Teilstrahlen
aufgeteilt, von denen der eine direkt und der andere über den kopierten Film zur Photozelle gelangt. Durch Vergleich der Lichtintensitäten stellt
die Einheit fest, welcher Punkt des Films nicht und
welcher exponiert wurde. Die Einrichtung ermöglicht
die Untersuchung von max. 63 Lichtstufen zwischen
belichteten und unbelichteten Grundflächen.

Mit diesen Einheiten von IBM kann eine ganze Reihe
Arbeiten, wie die Konstruktion von Kreisen und anderen Kurven, die Vergrößerung, Verschiebung bzw. Ver-
drehung eines Teiles des Gesamtbildes usw. ausgeführt werden. Auch ist es möglich einen archi-
vierten Mikrofilm zu kopieren und sein Auswahl-
bild in das neue Kartenoriginal aufzunehmen. Oft
sich wiederholende Kartenzeichen können in digitaler Form in den Speicher eingelegt und in graphischer
Form nach Bedarf in die neuen Karten eingefügt
werden.

110. Nordbeck, Stig
     Karten und Datenmaschinen
     Sonderdruck aus den Geographischen Notizen, Nr. 4
     (1966)
     Der Verfasser berichtet u.a. über die Fertigung vor
     Verteilungskarten mit Hilfe von Adressen, Grund-
     stückbezeichnungen usw. Um die aufwendige Arbeit
     der Lagebestimmung zu rationalisieren, benutzte
     man die Koordinaten in der neuen Wirtschaftskarte
     1 : 10.000, und zwar die Grundstückskoordinaten.
     Der Verfasser beschreibt im weiteren die mit Hilfe
     der koordinatengebundenen Daten erzeugten Raster-,
     Punkt- und Isarithmenkarten sowie die hieraus
     entwickelten dreidimensionalen Diagramme.

111. Nordbeck, Stig
     Koordinatsatta data och automatisk tätortsavgräns-
     ning. Rapport fran Byggforskningen, Stockholm,
     H. 31 (1969). Statens Institut för byggnadsforskning
     (Hrsg.)

(Koordinatengebundene Daten und automatische Ab-
grenzung von Verdichtungsgebieten (-orten))
Bericht Nr. 31/1969 des Staatlichen Instituts für
Bauforschung, Stockholm

Die automatische Abgrenzung von Verdichtungsgebieten
ist ein sehr guter Test für eine Vielzahl von Programmen für DV-Maschinen, die auch in einem anderen
Zusammenhang verwendet werden können. Die Programme sind also generell geschrieben und nicht nur
der automatischen Verdichtungsgebietsabgrenzung
angepaßt. Im einzelnen werden folgende Programme
eingesetzt:

1. NORK erzeugt eine Rasterkarte, mit deren Hilfe
   entschieden werden kann, ob ein Gebiet zu
   einem Ballungsraum gehört.

2-3. NORI und NORIP ergeben eine Bevölkerungs-
   isarithmenkarte, d.h. eine Karte mit der automatisch konstruierten Verdichtungsgebiets-
   grenze.

4. PLOT schreibt diese Karte auf einem Zeilendrucker
   aus oder zeichnet sie auf einem X-Y-Plotter.

5. NORYT berechnet die Fläche des Verdichtungsortes.

6.-8. Mit Hilfe von RECTANGLE, NORPCONVEX oder NORP
   wird - und zwar in Abhängigkeit davon, ob
   der Verdichtungsort mit einem Rechteck (mit
   achsenparallelen Seiten), mit einem konvexen
   oder mit einem konkaven Polygon approximiert
   wurde - die Bevölkerung des Verdichtungsortes
   insgesamt und nach geeigneten Unterklassen
   gruppiert berechnet.

9. Mit dem Programm TRAFFIC FLOW MAP wird die
   Verkehrsintensität in einem Straßennetz bzw.
   die Verkehrswegdichte kartiert.

Der Verfasser stellt weiterhin fest, daß man bei
der automatischen Abgrenzung eine Verdichtungsge-
bietsgrenze erhält, die im wesentlichen parallel
mit der offiziell festgestellten verläuft. Wo
größere Abweichungen zwischen der offiziellen und
der automatisch konstruierten Verdichtungsgebiets-

grenze vorkommen, handelt es sich um Gebiete
mit typischer städtischer Bodennutzung im Rand-
bereich von Verdichtungsorten, die man bei der
offiziellen Verdichtungsgebietsabgrenzung in
diese eingeschlossen hat. Es ist jedoch sehr einfach, die automatisch konstruierte Verdichtungs-
gebietsgrenze in solchen Fällen manuell zu korrigieren. Je mehr städtische Funktionen kartiert
werden können, desto genauer wird die Verdichtungs-
gebietsgrenze.

112. Nordbeck, Stig
Coordinate Mapping Techniques, Plan, Tidskrift for
planering av landsbygd och tätortor, Special Issue,
"Urban and Regional Research in Sweden," 1968,
S. 101-117

Nordbeck hat ein komplettes System der Computerkartographie auf der Basis eines Quadratnetzes des "Ko-
ordinatengrundstücksregisters" in Schweden aufgebaut. Die vorliegende Abhandlung erläutert die
Verwendung der verschiedenen Computerkartographie-
programme bei der Vorbereitung von Isarithmenkarten.
Als Bezugsnetz wird entweder ein Quadratgitter oder
ein Dreiecksnetz verwendet oder Kreise zur Bestimmung von Einflußgebieten. Sind die Funktionswerte der Punkte bestimmt, können Isarithmen gezeichnet werden.

Isarithmenkarten, Polygonprogramme, Bereichs-,
Anteils-, Transport-, Korrelations-, Verkehrs- und
Potentialkarten sind einige der Entwicklungen. Sie
sind zum Teil veröffentlicht in den Lund Studies
in Geography, Serie C.

113. Nordbeck, Stig
Location of Areal Data
for Computer Processing
The Royal University of Lund, Sweden, Department of
Geography. Lund Studies in Geography. Ser.C.Gene-
ral and Mathematical Geography, No. 2, Lund 1962

Die Abhandlung beschäftigt sich mit der EDV-gerech-
ten Zuordnung der von der Statistik zur Verfügung
gestellten Daten (z.B. Bevölkerungsdaten) zu
Flächen.

Durch die Ermittlung und Speicherung geographischer
Koordinaten für Einwohner, Häuser, Grundstücke usw.
wurde es möglich, z.B. Bevölkerungskarten mit dem
gleichen, völlig mechanisierten Verfahren zu
zeichnen, das verwendet wird, wenn mit Hilfe des Computers eine Korrelationstabelle aufgestellt wird.
Diese zuerst wohl von Hägerstrand angewendete Methode wurde inzwischen mehrfach benutzt.

Der Verfasser wirft die Frage auf, ob man nicht
einen Schritt weiter gehen müsse, und nicht nur
Punkte, sondern auch Flächen und damit zusammenhängende Phänomene aufnehmen müsse. Ausgehend
von dieser Fragestellung und der Tatsache, daß Flächen praktisch meistens Polygone (zumindest approxi-
mativ) sind, wird diskutiert, welche Angaben erforderlich sind, um Flächen eindeutig, einheitlich,
genau und möglichst einfach zu kennzeichnen. Dies
kann mit Hilfe des Zentralpunktes geschehen, der sowohl konstruiert als auch berechnet werden kann
und dessen Lage durch geographische Koordinaten
bestimmt wird.

Damit sind die Voraussetzungen für die Zuordnung
statistischer Daten zu Flächen und die Herstellung
entsprechender Computerkarten erfüllt.

Es werden die Programme NORK und NORP für die
Herstellung von Computerkarten beschrieben. Mit
Hilfe dieser Programme ist es möglich, Wertanga-
ben in Rasterfelder einzutragen, z.B. das Steuer-
aufkommen pro ha. Linien und dergl. können von
diesen Programmen nicht gezeichnet werden, wodurch
die Verwendung einer bereits bestehenden Karten-
grundlage erforderlich wird.

114. Nordbeck, Stig; Rystedt, Bengt
    Computer Cartography
    Range Map
    The Royal University of Lund, Sweden. Department of
    Geography. Lund Studies in Geography. Ser. C.Gene-
    ral and Mathematical Geography. No. 8, Lund, 1969

In Schweden wird die Lage aller Grundstücke in
dem offiziellen Kataster durch Koordinaten angegeben. Die Koordinaten dieses Grundstücksregisters
können mit allen anderen schwedischen Registern
verbunden werden, wie z.B. Bevölkerungs- und Steuer-
register, Bevölkerungszählungen, Wohnungsregister
usw. Diese Koordinaten können unter anderem für
die Zwecke der Kartographie verwendet werden.
Die vorliegende Abhandlung demonstriert einige
Computerprogramme, die solche Katasterkoordinaten
verwenden.

1. Rasterkarten und das Programm NORK
   NORK ist das einfachste aller Kartographie-
   programme, das Rasternetzkarten erzeugt.

2. Isorithmenkarten und das Programm NORI
   Das Programm berechnet die Werte für die Netz-
   punkte auf der Grundlage eines Dreiecksnetzes.
   Die Gitterpunkte werden als Zentren von Bezugsflächen interpretiert. Wird z.B. mit Bevölkerungs-
   zahlen gearbeitet, so wird die Zahl der in einer
   Fläche lebenden Personen berechnet und somit
   der Funktionswert für den Netzpunkt bestimmt.
   Berechnet der Computer den Funktionswert, so
   werden die Bewohner eines jeden Hauses Schritt
   für Schritt addiert, bis alle Häuser einer Bezugsfläche berücksichtigt sind.

3. Konstante Bezugsgrößen
   Die meisten Bevölkerungskarten sind wahrscheinlich Punktkarten. Sie werden so konstruiert,
   daß ein Punktwert, z.B. 1000 Personen, festgelegt wird und ein System von Polygonen derart konstruiert wird, daß die gesamte zu berücksichtigen-

de Fläche damit abgedeckt wird. Die Polygone
dürfen sich nicht überlappen. Jedes Polygon muß
z.B. exakt 1000 Einwohner haben. Um die Punktkarte zu vervollständigen, wird nunmehr jedes
Polygon durch einen Punkt ersetzt. Die Zahl
der Einwohner kann als Funktion betrachtet werden.
Gewöhnliche Quadratrasternetzkarten sind für
dieses Verfahren nicht geeignet, weil das Referenzvolumen (Bezugsgröße) konstant sein muß.

4. RANGE MAP

Die RANGE MAP-Funktion ist definiert als der Radius
eines Kreises, der eine vorgegebene Zahl, z.B. Be-
völkerungszahl, einschließt (Bezugsgröße).
Zur Bestimmung des Funktionswertes gibt es zwei
verschiedene Methoden.

4.1 Man kann einen Punkt mit einem Kreis umgeben
und dessen Radius solange wachsen lassen, bis
das Referenzvolumen erreicht ist. Diese
Methode wird von der Prozedur RANGE MAP
verwendet.

4.2 Man kann auch die Entfernung zwischen jedem
Individuum und dem Mittelpunkt bestimmen, und
diese Angaben in einer Entfernungsmatrix
speichern. Danach wird die Zahl der ersten n
Entfernungsklassen gebildet. Dieses n
ist so groß, daß die Summe gleich dem Referenzvolumen ist. Der Wert der Range Map-Funktion
ist dann gleich der Summe von diesen n Klassen-
weiten. Das zweite Verfahren sollte verwendet
werden, wenn es nicht möglich ist, mit der
Luftlinienentfernung zu arbeiten.

Durch die Summierung der Werte der obengenannten Entfernungsmatrix erhält man ein
Standortprofil (Hägerstrand). Es kann zur
Bestimmung der Bevölkerungsgröße innerhalb
einer gewissen Entfernung von einem gewählten
Punkt benutzt werden. Dieser Wert kann durch
das Programm NORI berechnet werden.

5. Transportkosten und die Prozedur CARRIAGE
   Die Carriage-Funktion bestimmt die Transportkosten für eine gegebene Gütermenge pro
   Individuum von einem Punkt zu beispielsweise
   10.000 Personen, die in der Umgebung dieses Punktes wohnen. Die 10.000 Personen stellen die
   Bezugsgröße dar, die bei der Prozedur RANGE MAP
   verwendet wurde. Unter der Annahme, daß die Transportkosten direkt proportional zur Entfernung
   sind, zeigt eine solche Karte die Summe der
   zurückgelegten Transportentfernungen, die von
   der Prozedur CARRIAGE berechnet wird.

115. Nordbeck, Stig; Rystedt, Bengt
         Computer Cartography
         Shortest Route Programs
         The Royal University of Lund, Sweden. Department
         of Geography. Lund Studies in Geography, Ser.C.
         General and Mathematical Geography. No. 9, Lund,
         1969

     Die Verfasser stellen ein Verfahren (shortest
     route ellipse method) zur Bestimmung der kürze-
     sten Entfernung zwischen zwei Punkten (Knoten)
     innerhalb eines gegebenen Straßennetzes mit Hilfe
     des Computers vor. Bei diesem Verfahren handelt
     es sich um eine Version des Entscheidungsbaum-
     verfahrens (tree searching method), das jedoch
     schneller ist und im Computer weniger Speicherplatz
     erfordert. Das verwendete Straßennetz ist koordi-
     natenmäßig erfaßt.

     Im einzelnen werden erläutert: Ein Verkehrsver-
     teilungsmodell, Algorithmen zur Bestimmung der
     kürzesten Strecke zwischen zwei Punkten, die
     Bildung von Unternetzen, einige Programmprozeduren,
     Beispiele und Anwendungen.

116. Nordbeck, Stig; Rystedt, Bengt
         Computer Cartography, Point in Polygon Programs
         The Royal University of Lund, Sweden. Department of
         Geography. Lund Studies in Geography. Ser.C.General
         and Mathematical Geography. No. 7, Lund, 1967
         (Reprint from Nordisk Tidskrift for Informations-
         behandlung, Vol. 7. Fasc. 1. 1967)

Die schwedische Grundstücksregisterkommission schlug
vor, daß die geographische Lage eines jeden Grundstücks im amtlichen Grundstücksregister durch
die Koordinaten des zu jedem Grundstück gehörenden
Zentralpunktes angegeben wird. Die Koordinaten
werden z.B. benötigt, wenn mit Hilfe des Computers
eine einfache Quadratrasterkarte angefertigt oder
überprüft werden soll, ob ein bestimmter Punkt Q zu
einem bestimmten Polygon gehört oder nicht.

Die den Computerprogrammen zugrundeliegenden
Verfahren werden ausführlich diskutiert. Beschrieben werden die Programme NORK, NORPCONVEX
und CONVEX. Diese Programme werden verwendet,
wenn z.B. statistische Daten einem Punkt zugeordnet
werden sollen, um Berechnungen für nicht-administra-
tive Gebietseinheiten wie z.B. Baublöcke durchzuführen. Sie können auch im Zusammenhang mit
den Isarithmen-Prozeduren NORI und NORIP z.B.
zur Abgrenzung von städtischen Räumen verwendet
werden, wobei der Computer automatisch die Grenzen
konstruiert.

117. Nordbeck, Stig and Rystedt, Bengt
Isarithmic Maps and the Continuity of Reference
Interval Functions. Reprint from Geografiska
Annaler, Vol. 52, Ser.B, 1970, Nr. 2 pp.92-123
In der Abhandlung wird untersucht, ob Bevölkerungs-
Isolinien mathematisch definiert sind, und ob es
sich dabei um eine kontinuierliche Funktion handelt.
Folglich ist ein Großteil der Abhandlung dem theoretischen Aspekt von Isarithmen gewidmet. Es wird
zunächst gezeigt, daß sich eine Vielzahl von kartographisch interessanten Tatbeständen nicht durch
kontinuierliche Funktionen darstellen lassen,
sondern nur durch "reference interval functions"
(Bezugs-Bereichs-Funktionen, Klassen-Intervall-
Funktionen)   wie z.B. der Luftdruck,
die Betriebsproduktion, Geburten- und Sterbefälle
eines Landes.

Es wird nachgewiesen, daß die Bevölkerungsdichte eine kontinuierliche Funktion ist. Folglich kann
die Bevölkerungsdichte auch über eine Fläche variieren.

Im weiteren wird über die in Schweden bestehenden
Möglichkeiten berichtet, jeden einzelnen Einwohner
zu lokalisieren (Grundstückszuordnung der Einwohner, Adreßregister der Post).

Die beste Möglichkeit ist die Koordinatenmethode,
wonach jedes Grundstück durch einen bestimmten,
koordinatenmäßig festgelegten Punkt repräsentiert
wird (Zentralpunktskoordinaten und Gebäudekoordina-
ten).

Mittels dieser Angaben kann unter anderem eine Be-
völkerungsdichte-Funktion berechnet werden. Dies kann
mindestens ebenso genau wie die Temperaturmessung
erfolgen. Andere Funktionen wie die Range-Map-
Funktion, die Carriage-Funktion oder die Fraction-
Map-Funktion können ebenfalls bestimmt werden.

Für die Konstruktion von Isarithmenkarten sollte
immer ein aus Dreiecken bestehendes Gitternetz verwendet werden.   Es ist unabhängig
von Größe und Form der Bezugsfläche, was letztlich
zu einer hohen Genauigkeit der Isarithmen führt.

Schließlich können diese Isarithmen mit Hilfe eines
Plotters gezeichnet werden. Somit sind Konstruktion,
Ausführung, Verarbeitung und Zeichnung automati-
sierbar.

Beispielhaft wird auf die Anwendung in der ländlichen Region Kronoberg County, Schweden, hingewiesen.

118. Oest, Kurt
Datenverarbeitung und thematische Karten. Erfahrun-
gen in Schweden und ihre Auswertung
"Forschungs- und Sitzungsberichte der Akademie für
Raumforschung und Landesplanung", Bd.64(1971),
Thematische Kartographie 2, S. 83-102

Der Verfasser stellt fest, daß über die grundsätz-
liche Notwendigkeit, den Einsatz der elektronischen
Datenverarbeitung für kartographische Arbeiten
zu fördern und voranzutreiben, nicht mehr zu diskutieren ist. Es geht vielmehr darum, sich über den
bestmöglichen Einsatz Gedanken zu machen. In diesem
Sinne wird über die in Schweden gesammelten Erfahrungen berichtet, die in den letzten Jahren
nur deshalb nicht ausreichend beachtet wurden, weil
die Schweden, z.B. HÄGERSTRAND, NORDBECK,
WALLNER, EKLUND, HEBIN ihre Arbeiten bis vor wenigen Jahren überwiegend in schwedischer Sprache und
erst in letzter Zeit häufiger in englischer und
deutscher Sprache veröffentlichten.

Der Verfasser berichtet über in Schweden durchge-
führte Arbeiten vor allem von Hägerstrand und
Nordbeck. Von letzterem werden einige Programme
für die Fertigung von Raster-, Isarithmen-, Bevöl-
kerungsdichte- und Transportkostenkarten vorgestellt.
Es werden dann das Prinzip der schwedischen Boden-
datenbank von Wallner, der Aufbau einer regionalen
Datenbank aus Luftaufnahmen von Eklund und die automatische Verdichtungsgebietsabgrenzung nach Nordbek
erläutert.

Der Autor weist darauf hin, daß der Einsatz der
elektronischen Datenverarbeitung im Rahmen der thematischen Kartographie zwar vielfach ein Umdenken
erzwingt und dazu führt, altvertraute Verfahren
und Methoden aufzugeben, daß die sinnvolle Anwendung aber auch bedeutende Verbesserungen und
methodische Fortschritte zur Folge hat und in
der Zukunft noch mehr haben wird. An einigen Beispielen wird dies verdeutlicht:

1. Durch die schnellere Auswertung von großen
   Zählungen und Datenkollektiven aus dem Ver-
   waltungsvollzug wird eine Aktualisierung der
   thematischen Karten erreicht.

2. Der Einsatz von getesteten Verfahren und Programmen ermöglicht eine Objektivierung des Karteninhalts.

3. Der Einsatz von Zeilendruckern, automatischen Zeichengeräten und Koordinatenerfassungsgeräten hat eine ungeahnte Beschleunigung der Kartenherstellung, vor allem von Kartenvarianten, zur Folge.

4. Mit automatischen Zeichengeräten lassen sich Genauigkeiten erzielen, die im manuellen Verfahren niemals möglich wären.

5. Durch die Entlastung der Kartographen und technischen Zeichner von langwierigen und ermüdenden manuellen Routinearbeiten kommen die gestalterischen Fähigkeiten der Mitarbeiter in vollem Umfang zum Zuge.

6. Die bisher bei manuellen Verfahren wegen zu hohen Arbeitsaufwandes vielfach zurückgestellten Versuche mit Merkmalkombinationen, Beziehungsgleichungen, Typisierungen, Grenzgürtelmethoden und Wertigkeitsuntersuchungen können in Zukunft ohne Schwierigkeiten und Zeitverzug durchgeführt und verbessert werden.

119. Oest, Kurt
Notwendige Vorarbeiten für den Einsatz von EDV-Anlagen zu thematisch-kartographischen Abgrenzungen und für Typisierungen
"Forschungs- -und Sitzungsberichte der Akademie für Raumforschung und Landesplanung", Bd. 86, Thematische Kartographie 3 (1973), S. 143-178

Nach einer allgemeinen Einführung in die bei EDV-Entwicklungen üblichen Analyseverfahren, stellt der Verfasser die Möglichkeiten des Einsatzes des Jordt-Gscheidle-Verfahrens (Gliederungstechnik, Entscheidungstabellen, Ablaufdiagramme usw.) an den Typisierungs- und Abgrenzungsbeispielen "Festlegung von Gemeindefunktionen", "Typenkarten des Fremdenverkehrs"(Arnberger), und "Abgrenzung von ausgeglichenen Funktionsräumen" (Marx) dar.

120. Ogrissek, R.
Netzwerkplanung in der thematischen Kartographie
"Vermessungstechnik", Jg. 15 (1967), H. 4, S. 135-138
Die Methode des kritischen Weges wurde erstmalig
beim Bau einer Hydrierstufe im Erdölverarbeitungs-
werk Schwedt benutzt. Darüber hinaus ist inzwischen
eine ganze Reihe weiterer Beispiele bekannt geworden, die die praktische Brauchbarkeit dieser modernen Planungsmethode unter Beweis gestellt haben.

Es liegt daher nahe, die Netzwerkplanung auch für
die Abwicklung komplizierter kartographischer
Arbeiten anzuwenden.

Das große Anwendungsgebiet sind solche Projekte,
bei denen eine Vielzahl miteinander in
Wechselwirkung stehender Teilarbeitsgänge zeitlich
zu koordinieren und aufeinander abzustimmen
sind.
Charakteristisch für den Ablauf des Gesamtprojektes
ist dabei, daß jeweils mehrere Aktivitäten gleichzeitig, d.h. parallel verlaufen, daß andererseits
jedoch bestimmte Aktivitäten erst begonnen werden
können, wenn bestimmte andere beendet sind. Für
Serienbearbeitung ohne Parallelbearbeitung sind
Netzwerkmodelle überflüssig,weil dann ein Strecken-
zug entstände.

Bekanntermaßen sind es vorrangig zwei moderne
Methoden, die für die Planung und Kontrolle solcher komplizierter Projekte anwendbar sind:
die Methode des kritischen Weges (CPM -Critical
Path Method) und
PERT (Program Evaluation and Review Technique).
Beide Methoden sind dem Wesen nach völlig ver-
schieden, einerseits im Hinblick auf verschiedene Berechnungen, andererseits den Grad
der Übereinstimmung von Modell und Wirklichkeit
sowie die Interpretation der Ergebnisse betreffend.
Der grundlegende Unterschied zwischen CPM und PERT

besteht darin, daß CPM ein streng determiniertes
Modell, PERT dagegen ein stochastisches Modell ist.

Unter einem streng determinierten Modell verstehen
wir dabei ein Modell, bei dem sowohl alle eingehenden als auch ausgehenden Größen eindeutig bestimmt
sind. In einem stochastischen Modell können
für solche Größen im Einzelfall keine genauen Angaben gemacht werden, d.h. gewisse Zufälligkeiten
sind dabei nicht auszuschließen. Man hat es mit
stochastischen Größen zu tun, die eine wahrschein-
lichkeitstheoretische Deutung erfordern.

An einem Beispiel wird die Herstellung einer
thematischen Kartenserie für den redaktionellen
Bereich geplant.
Die Definition der Elemente des Netzwerkes wird dabei als bekannt vorausgesetzt.

Am Beginn der Arbeiten steht die Aufstellung einer
Liste aller Aktivitäten. Daraus ergibt sich zwangsläufig der Umfang des Netzwerkes. Diese Aktivitäten
können mit Kurzbezeichnungen versehen werden, um eine
größere Übersichtlichkeit zu erhalten. In der
Kartographie bedeutet dies, daß bereits zu diesem
Zeitpunkt Klarheit über die anzuwendende Rahmentechnologie herrschen muß.

121. Olsson, Annaliisa; Selander, Krister
A Spatial Information System. A Pilot Study. Dot Maps
by Computer. Central Board for Real Estate Data,
Sundbyberg, Sweden, FRIS C: 2, May, 1971
Die Abhandlung stellt ein System zur Herstellung
von Punktkarten für Geodaten vor, wobei Geodaten
definiert werden als Daten, die sich auf ein Objekt
beziehen, dessen Standort direkt oder indirekt durch
Kartenkoordinaten bestimmt werden kann. Punktkarten
stellen die Verteilung von numerischen Daten über
eine Fläche dar. Die Punktkartentechnik ist relativ
alt. In einer Punktkarte werden Werte durch Punkte
gleicher Größe dargestellt. Der erste Schritt bei

der Herstellung einer Punktkarte ist die Wahl
der Werte, die jeder Punkt darstellen soll. Die Ver-
wendbarkeit dieser Karten hängt sehr von der Wahl
dieser Werte ab; sie dürfen nicht so klein sein,
daß verschiedene Punkte für den gleichen Stand
erzeugt werden und sie dürfen nicht so groß
sein, daß zuwenig Punkte erzeugt werden. Die Werte sollten so gewählt werden, daß es möglich ist,
sie ohne Schwierigkeiten in der Karte zu zählen. Daraus folgt auch, daß Überlappungen nicht zuge-
lassen sein sollten. Punkte verschiedener Farben
können verwendet werden, um verschiedene Variable
innerhalb der gleichen Punktkarte darzustellen.

122. Ottoson, Lars
Nummerically Controlled Plotters in Photogrammetric
Activities
Reprint from Svensk Lantmäteritidskrift 1972: 2,pp.
111-115

Das Geographische Vermessungsbüro von Schweden
besitzt seit 1970 einen numerisch gesteuerten, sehr
präzisen Tischplotter, Kingmatic Mk III. Der Plotter
wurde für geodätische, photogrammetrische und
kartographische Arbeiten eingesetzt. Die Anwendung des Plotters in der Photogrammetrie wird
eingehender beschrieben.

Ein kleiner Computer (Honeywell mit 8 K) steuert
die Bewegungen des Vierfach-Werkzeugträgers über dem
Zeichentisch von der Größe 120 x 140 cm. Der Kernspeicher gestattet eine relativ große Zahl von Symbolen abzuspeichern. Die Symboldatei enthält normalerweise alle großen und kleinen Buchstaben,
Ziffern und eine Reihe von häufig benutzten Symbolen,
wie z.B. Kreise, Dreiecke, Kreuze und Quadrate.
Für spezielle Anwendungen kann die Symboldatei
leicht geändert werden.

Die zur Steuerung des Plotters notwendigen Informationen werden über einen 8-Kanal-Lochstreifen eingegeben. Die Herstellung von Grundkarten im Bereich der photogrammetrischen Kartographie kann gut mit Hilfe der elektronischen Datenverarbeitung bewerkstelligt werden. Dabei umfaßt die photogrammetrische Produktion des geographischen Vermessungsamtes die Herstellung aller amtlichen Karten sowie die Großproduktion von Karten nach Auftrag. Entsprechend den verschiedenen Anforderungen sind die Programme so gestaltet, daß die verschiedenen Formate der Grundkarten durch Inputparameter gesteuert werden können.

Die Hauptteile des Programms sind in FORTRAN geschrieben. Ein Hauptproblem während der Programmierung war, daß sich vom Zeichengerät geschriebene Ziffern oder Namen nicht gegenseitig stören. Die praktische Arbeit hat gezeigt, daß dieser Teil sehr wertvoll ist; die Zusatzkosten waren unbedeutend.

Weiterhin werden Zeiten und Preise für die Herstellung dieser Grundkarten angegeben. Mit dem automatischen Zeichengerät werden außerdem sogenannte Schlüsselkarten hergestellt, die die Verbreitung von Luftbildern in Schweden zeigen. Die Archive der obengenannten Institution enthalten inzwischen ca. 450.000 Negative, deren Verbreitung in Schlüsselkarten 1 : 100.000 dargestellt ist. Aus verschiedenen Gründen sollen diese Karten neu gezeichnet werden, was gut mit dem Plotter erledigt werden kann. Zu diesem Zweck werden die Koordinaten der Zentralpunkte der Luftbilder in den alten Schlüsselkarten mit Hilfe eines Digitizers aufgenommen und zusammen mit anderen Daten für jeden Streifen in einer Datei gespeichert, die alle Daten für die Zeichnung neuer Schlüsselkarten vorhält.

Diese Datei wird sukzessive aufgebaut und wahrscheinlich auch für die Wiedergewinnung von Daten
aus dem Bereich der Luftbildphotographie durch die
verschiedensten Benutzer häufig in Anspruch genommen
werden.

123. Pauletzki, Günter
Erfahrungen und Versuche mit der verbesserten AEG-
Anlage mit Lichtzeichenkopf.
"Nachrichten aus dem Karten- und Vermessungswesen".
Reihe I: Originalbeiträge, Frankfurt a.M. (1972),
H.56, S. 23 - 47

Die AEG-Lichtzeicheneinrichtung, die 1972 bei der
Deutschen Bundesbahn installiert wurde, wird beschrieben und das Prinzip des Lichtzeichnens auf
Film mittels einer Symbolscheibe erläutert. Aus
den Versuchen werden die Genauigkeiten und Kriterien
für die Darstellung von Ziffern, Kreisen und
Linien abgeleitet. Den Abschluß bilden Betrachtun-
gen über die Leistungsfähigkeit und Wirtschaftlichkeit des automatisierten Zeichnens. Für hohe
Rentabilität sind leistungsfähige Zeichenmaschinen,
eine neue Organisation und komplexe Programme notwendig.

Folgende Gründe können zum Einsatz einer LZE führen:
1. Änderung bestehender Zeichenverfahren zur Ge-
   nauigkeitssteigerung der Kartierungen und der
   Strichqualitäten.
2. Steigerung der Wirtschaftlichkeit und Ver-
   minderung der Rüstzeiten.
3. Einrichtung einer bedienungslosen Arbeitsschicht
   während der Nacht, um einen plötzlichen Arbeits-
   anfall (Stoßarbeit) auffangen zu können.
4. Ergänzung der programmgesteuerten Generatoren
   durch Hardware.
5. Herstellung von besseren Druckoriginalen für
   den Ein- und Mehr-Farbdruck.

Für die Erstellung einer Wirtschaftlichkeitsbe-
rechnung wird oft nach Vergleichszahlen zwischen
manueller und automatischer Zeichenarbeit gefragt,
die von der Besonderheit des Betriebes, aber auch
von den zu fertigenden Planarten und der Leistungsfähigkeit der Programme für den Groß- und den
Prozeßrechner abhängig sind und stark schwanken
können.

Als Richtlinie kann gelten:

Ausbau des Zeichenzentrums nach ...Jahren	Maschinenzeit Großrechenanlage Std.	Maschinenzeit Zeichenautomat Std.	Zeit für manuelles Zeichnen Std.	Bemerkung
1 - 2	0,1	1	10	
3-- 5	0,13	1	25	
5 - 10 (minimale Leistung)	0,15	1	30	
5 - 10 (maximale Leistung)	0,18	1	70	Diese Leistung ist nur für einige Planarten erreichbar

124. Petrie, G.
Numerically Controlled Methods of Automatic Plotting
and Draughting
"The Cartographic Journal",Vol. 3 (1966), S.60-73
Folgende Geräte bzw. Verfahren werden beschrieben:
1. Wild A 8 Autograph mit Ek-5 Koordinatenausgabe-
   system. Die Ausgabe erfolgt auf Lochstreifen.
   Es handelt sich um Digitalisierungsmethoden
   aus dem Bereich der Photogrammetrie. Der Output
   dieser Geräte dient als Input für Zeichengeräte.
2. Photogrammetrische Zeichengeräte, u.a. von Karl
   Zeiß und Wild. Das Zeiß-Gerät kann auch zur
   Digitalisierung von Karten verwendet werden;
   die Ausgabe erfolgt auf Lochkarten.

3. Die bisher beschriebenen Geräte sind als sehr
   genaue Punktzeichner für Kontroll- und Kataster-
   netze oder für Ingenieuraufgaben konstruiert.
   Zur Zeichnung von kontinuierlichen Linien werden
   sie selten benutzt.

4. Für die Digitalisierung von Linien wird ein
   Sichtgerät mit einem elektronischen Zeichenstift beschrieben. Beschrieben wird u.a. der
   d-Mac Pencil Follower.

Der Beitrag beschäftigt sich weiterhin mit der
Darstellung von Trommel- und Tischplottern der
verschiedensten Firmen, wobei jeweils eine relativ
ausführliche Gerätebeschreibung erfolgt. Neben
den einfachen Erfassungs- und Zeichengeräten werden
auch integrierte Systeme beschrieben, die sowohl
die Erfassungs- als auch die Zeichengeräte und
zusätzlich einen Computer beinhalten, und
somit in der Lage sind, echte Datenverarbeitung
durchzuführen und Zwischenergebnisse abzuleiten.

125. Peucker, Thomas, K.
     Computer Cartography
     Association of American Geographers
     Commission on College Geography, Washington, D.C.
     1972
     Resource Paper No. 17
     In der gesamten Veröffentlichung, die als Einfüh-
     rung für Kartographiestudenten konzipiert ist,
     steht der theoretische Aspekt der Kartographie
     im Vordergrund, wenn auch unter Berücksichtigung
     des Einsatzes der EDV. Ausgehend von den karto-
     graphischen Grundanforderungen werden die Bezüge
     zur Informationstheorie aufgezeigt sowie die
     Kartenanalyse und Kartenelemente behandelt. Weiter
     werden die Theorie der Fläche, die Flächenaufbe-
     reitung, die Darstellung von Flächen, Linien und
     Punkten und geographische Datenstrukturen behandelt.

Als Beispiel für ein automatisches Kartographiesystem
wird das Programm SYMAP erläutert. Es wird als das
am weitesten verbreitete System bezeichnet, das
einen flexiblen Input hat und eine große Mannigfal-
tigkeit des Outputs gewährleistet. Es erzeugt drei
mögliche Kartentypen: Umrißkarten, Choroplethen-
karten und Proximitätskarten.

Als Alternative zu SYMAP wird GEOMAP genannt, das
etwa während der gleichen Zeit entwickelt wurde.
GEOMAP erzeugt die gleichen drei Kartentypen, basiert
auf dem differenzierten Konzept der Nachbarschafts-
glättung (neighborhood-smoothing), ist jedoch
in der Kartenbreite auf eine Seite eingeschränkt
und hat weder die Legendenfunktion noch die weiteren
Möglichkeiten von SYMAP. Dafür ist der Kernspeicher-
bedarf geringer.

Die Abhandlung zeichnet sich durch eine Fülle
graphischer Abbildungen aus. Dabei handelt es
sich um 56 per Computer erzeugte Kartenabdrucke
sowie 11 Diagramme. Zu jeder Abbildung ist das
verwendete Computerprogramm angegeben(insgesamt
24 Hauptprogramme). Die Abbildungen verdeutlichen
das weite Einsatzfeld der automatischen Maschinen
in der Kartographie. Sie zeigen gleichzeitig die
Vielfalt der durch Einsatz der EDV herstellbaren
kartographischen Ausgaben.

126. Peucker, T.K.
    Computer Cartography. A Working Bibliography.
    Department of Geography, University of Toronto (Ed.)
    Discussion Paper No. 12. Toronto, August 1972
    Die Bibliographie von Peucker enthält etwa
    1000 Titel. Sie stellt nach Angabe des Autors
    eine Arbeitsbibliographie für die Durchführung
    seiner Forschungs- -und Lehraufgaben dar und war ur-
    sprünglich nicht zur Veröffentlichung bestimmt.

Sie erhebt deshalb auch keinen Anspruch auf Vollständigkeit.
Für jede Veröffentlichung sind neben Autor, Titel
und Fundstelle Schlüsselworte und meistens eine
- wenn auch zum Teil sehr kurze - Zusammenfassung
aufgenommen, die meistens von den jeweiligen Autoren bzw. Verlagen stammt.

127. Rase, W.-D.; Peucker, T.K.
Erfahrungen mit einem Computer-Programm zur Herstellung thematischer Karten.
"Kartographische Nachrichten", Jg. 21, (1971) Heft
2, S. 50-57

Die Verfasser berichten über Erfahrungen mit dem
Programm SYMAP. Da SYMAP einen Zeilendrucker als
Ausgabeeinheit benutzt, ist das Programm sehr
flexibel, denn es gibt praktisch keine Rechenanlage mittlerer Größe, die nicht mit einem Drucker
ausgestattet ist. Andere Ausgabegeräte, wie
x-y-Zeichengeräte (Plotter) oder Bildschirmeinhei-
ten sind nicht überall verfügbar; selbst wenn sie
vorhanden sind, ist es fast unmöglich, sie über ein
Standardprogramm zu steuern, weil diejeweiligen
Dienstprogramme für graphische Ausgabe
fast bei jedem Computer differieren. SYMAP verwendet
nur die für FORTRAN IV standardisierten Ausgabe-
befehle und keine speziellen Funktionen.

Natürlich ist das Raster des Zeilendruckers sehr
grob. Die kleinste Einheit ist eine Fläche von
2,5 x 4,16 mm (bei einer Druckdichte von 6 Zeilen
pro Zoll: 2,5 x 5,12 mm bei 8 Zeilen pro Zoll). Der
Drucker ist aber ein sehr schnelles Ausgabegerät
(600 - 2000 Zeilen pro Minute), so daß man die
gewünschte Karte relativ groß ausdrucken und dann
photographisch auf ein zufriedenstellend feines
Raster verkleinern kann. Wie eingangs schon ange-
deutet, ist es auch nicht notwendig, eine hohe
Genauigkeit anzustreben, weil weniger die exakte

Lokation eines bestimmten Punktes oder einer Linie
als der Gesamtinhalt der Karte im Vordergrund steht.

Der Zugriff zu Datenbanken ist sehr leicht mit Hilfe
des Unterprogramms FLEXIN zu bewerkstelligen.
Der eigentlichen Kartierung braucht kein spezieller
Programmlauf zur Aufbereitung der Daten aus der
Datenbank vorgeschaltet zu werden. Das verringert
die Durchlaufzeit und führt zu besserer Interaktion.

Die Lage von Meßpunkten, Flächengrenzen und Umrißlinien muß vor der Eingabe in SYMAP nach x-y-Koordi-
naten bestimmt werden. Manuelle Kodierung ist nur
bei sehr wenig Meßpunkten und Flächen vertretbar,
denn die menschliche Fehlerquote wächst proportional
mit der Komplexität der Karte, ganz zu schweigen
vom Zeitaufwand.Elektromechanische Koordinaten-
leser (Digitizer) übertragen deshalb bei größeren
Punktmengen die Koordinaten gleich auf ein maschinell
lesbares Medium, wie Lochkarten, Lochstreifen oder
Magnetband. In der Bundesrepublik sind Digitizer z.Z.
noch ziemlich selten. Ihre Anzahl wird sich aber
schnell vergrößern, sobald man die Bedeutung des
Computers für die kartographische Arbeit erkannt
haben wird. Noch vor fünf Jahren bestand ein
ähnlicher Engpaß in Bezug auf die Datenverarbeitungsanlagen, denn SYMAP verlangt, wie schon erwähnt,
einen mittelgroßen Computer mit ausreichend
Peripheriegeräten. Inzwischen hat aber fast
jede Universität eine Rechenanlage dieser Größenordnung, selbst die Computer von Verwaltungsinstituti-
onen beginnen in diese Dimensionen vorzudringen.
Es sollte also nicht sehr schwer sein, Zugang zu einer Datenverarbeitungsanlage mit ausreichender Kapa-
zität zu finden. In einem weiteren Abschnitt gehen
die Verfasser ausführlich auf die Kosten und die
Schwächen von SYMAP ein.

128. Resing, Kenneth, E.; Wood, Peter A.
       Character of a Conurbation. A Computer Atlas
       of Birmingham and the Black Country
       University of London Press Ltd. , 1971

Die Verfasser beschreiben in dieser Veröffentlichung
am Beispiel West Midlands Art und Eigenschaften
einer Städteballung mit Hilfe kartographischer
Methoden. Unter Verwendung aufschlußreicher, allgemeiner Grundlagen und Verteilungsmuster für
den gesamten Ballungsraum leisten sie einen be-
merkenswerten Beitrag zum Verständnis des Problems,
eine neue Umwelt für die Bereiche Wohnen, Arbeiten,
Bilden und Freizeitgestaltung. Durch die kartographische Darstellung geographischer bezw. räumlicher Muster werden neue Probleme für künftige
Untersuchungen aufgezeigt. Die Gesamtheit der Karten liefert ein übersichtliches Bild der sozial-
ökonomischen Geographie dieser Region, das nicht
nur für Stadt- und Regionalplaner von großer Bedeutung ist.

Der Atlas demonstriert auf eindrucksvolle Weise,
wie mit Hilfe des Computers eine rasche Darstellung
von Informationen in kartographischer Form erreicht werden kann. Unter Beachtung der Hinweise
auf Möglichkeiten und Beschränkungen der verwendeten Methoden und Daten ist der Atlas eine klare
und wirkungsvolle Demonstration der zunehmenden
Bedeutung, die der Computerkartographie beim
Studium geographischer Tatbestände und bei der
Anwendung der geographischen Studie zur Verbesserung
der Umwelt zukommt.

Das verwendete Instrumentarium der Datendarstellung
und -analyse weist sogleich den Weg für eine künftig
flexiblere und effizientere Planung.

129. Rhind, D.W.
       Automated Contouring - an Empirical Evaluation
       of Some Differing Techniques
       "The Cartographic Journal",Vol. 8(1971), S.145-158

In dem Bericht werden drei automatische Programme

für die Herstellung von Konturlinien (Isolinien)
diskutiert und ihre Vor- und Nachteile dargestellt.
Wünschenswerte Änderungen in diesen Programmen und
erforderliche Fähigkeiten der nächsten Programm-
generationen werden vorgeschlagen.

Der Vergleich der Programme wird anhand der Abbildungen dargestellt, die jeweils auf den gleichen
Ausgangsdaten basieren. Die drei Contouring-Pro-
grammpakete sind:
1. SYMAP V
2. ECU-Package (Exp. Cartography Unit, London)
3. Cole's iterative fit procedure
Unterschiede zwischen diesen drei Programmpaketen
bestehen nicht nur in dem Interpolationsverfahren,
sondern auch in der üblichen Art der Ausgabe. Der
Bericht diskutiert sowohl das zugrundeliegende
mathematische Modell als auch die Qualität, die
Verständigkeit, die Schnelligkeit und, soweit es möglich ist, die Computerkosten.

130. Rhind,David
Towards Instant and Efficient Maps: The Work of the
Experimental Cartography Unit
"La Revue de Geographie de Montréal", Vol. 26(1972),
S. 391-397
Hauptaufgabe der Experimental Cartography Unit
(E.C.U.) (1967 gegründet) ist es, die Methoden der
Computer-Kartographie und der Konstruktion und
Fortschreibung der kartographischen Datenbanken
zu studieren.

Die bei der E.C.U. eingehenden Daten stammen aus
einer Vielzahl von Quellen und haben zwei Grund-
formen. Die Mehrzahl setzt sich aus Karten zusammen;
gelegentlich kommen Listen mit Koordinatenangaben
vor (Listen, Lochkarten, Magnetbänder). Die erst-
genannte Form wird durch Digitalisierung in ma-
schinenlesbare Form gebracht.
Auf die Digitalisierung folgen Transformierung der
Daten in das entsprechende Gitternetz, Prüfung,
Fehlerkorrektur und Erstellung eines Magnetbandes

für die Reinzeichnung.

Danach kann eine große Vielfalt von Karten mit
verschiedenen Maßstäben, verschiedenen Projektionen
und mit verschiedenem Inhalt in verschiedener Form
gezeichnet werden. Am häufigsten wird der Tischplotter benutzt.

Die neueste Entwicklung ist die Verwendung eines
Lichtpunktprojektors mit einer rotierenden, auswechselbaren Scheibe (48 Symbole), mit der sowohl
Punkt- als auch Liniensymbole erzeugt werden können
(z.B. 132 verschiedene Linien).

Für einfache Generalisierungsprobleme bei der Maß-
stabsverkleinerung verfügt die E.C.U. über eine
einfache Technik zur Linienvereinfachung (Generalisierung).- Neben zwei Datensichtgeräten benutzt
die E.C.U. einen "Computer-Typesetter", insbesondere
für die Darstellung von aggregierten Daten, wofür
keine so hochentwickelten Geräte wie der Tischplotter
erforderlich sind. Die Ausgabe dieses Gerätes geschieht direkt auf Filmmaterial.

Bisherige, gegenwärtige und zukünftige Arbeit

Bisherige Ergebnisse: Herstellung von Vielfarben-
karten aus Feldblättern oder Koordinatenlisten
mit der Möglichkeit von Maßstabsveränderung, Veränderung der Projektion oder Veränderung des Kar-
teninhalt durch Datenselektion oder Datenaddition
aus anderen Dateien. Zusätzlich können Flächen
und Entfernungen aus den digitalisierten Daten
berechnet werden. Das Grundsystem ist somit aufgebaut.

Es wird über die Verwendung eines heizbaren Ritzge-
rätes (heated scriber) für die Herstellung von
Farbauszügen auf Abzugsmaterial, eine Filmentwick-
lungsmaschine und eine Einrichtung berichtet,die die
Ausnutzung des Zeichengeräts für 24 Stunden am Tag
erlaubt.

Die E.C.U. beschäftigt sich ebenfalls mit dem Problem
der Generalisierung.

Außerdem wird an der automatischen Herstellung von
Konturlinien, der Erzeugung von dreidimensionalen

Graphiken und Stereobildern gearbeitet.

131. Rhind, W. und Barrett, A.N.
Stand und Probleme der automatischen Herstellung
von Höhenlinien.
"Nachrichten aus dem Karten- und Vermessungswesen",
Reihe I: Originalbeiträge, H. 59 (1972), S. 36-38
Der Autor beschreibt die am häufigsten benutzten
Verfahren zur automatischen Zeichnung von Höhen-
linien sowie die Änderungen, die bei drei dieser
Verfahren vorgenommen werden sollten (SYMAP, das
Programm "E.C.U." und das Programm "Cole").

Das Problem der automatischen Zeichnung von Höhenlinien steht im Zusammenhang mit dem der Isolinien,
die eine Funktion darstellen, welche im gewöhnlichen
dreidimensionalen Raum (x,y,z) definiert ist. Es
kann sich dabei sowohl um den atmosphärischen Druck
als auch um die Dichte eines Erzes, die Tiefe eines
Ozeans oder die Intensität der Schwere handeln.
Dies erklärt die Bedeutung, die viele Forscher der
Automation der Zeichnung von Isolinien beimessen.

Ein erstes, etwas simples Verfahren besteht darin,
ein Polyeder zu betrachten, das durch die aufgenommenen Punkte gebildet wird, und durch Interpolation
die Durchgangspunkte der Höhenlinien durch die Kanten des Polyeders zu berechnen. Diese Methode hat
zwei Nachteile: man kann mehrere Polyeder aus den
gleichen aufgenommenen Punkten definieren, und außerdem stellt das Polyeder eine nicht ableitbare Funktion dar, und deshalb bietet das Ergebnis wenig
Sicherheit.

Ein zweites Verfahren besteht darin, ein mathemati-
sches Modell des Geländes zu berechnen, d.h. eine
mathematische Funktion, die durch die beobachteten
Punkte (oder annähernd durch diese) geht. Diese
Methode ist aber sehr aufwendig hinsichtlich der
Rechenzeit im Computer.

Das am weitesten verbreitete Verfahren scheint darin
zu bestehen, aus der Fläche mit unregelmäßig verteilten Beobachtungspunkten ein Gitter regelmäßig ver-

teilter Punkte an den Schnittpunkten eines
orthogonalen Netzes zu berechnen. Diese Punkte
werden unter Benutzung einer (beliebigen) Zahl
von Beobachtungspunkten in ihrer Umgebung nach
verschiedenen Methoden berechnet. Das ist insbesondere das Verfahren des SYMAP-Programms (worin
jeder berechnete Punkt durch einen computergedruck-
ten Buchstaben dargestellt wird: man erhält direkt
eine gerasterte Karte).

132. Robertson, J.C.
The SYMAP-Programme for Computer Mapping
"The Cartographic Journal", Vol. 4 (December 1967),
No. 2, S. 108-113

Das 1963 entwickelte SYMAP-Programm besteht aus
etwa 3000 Karten, ist in FORTRAN IV geschrieben
und ist nach wie vor das verbreitetste Kartographie-
programm. Von großem Vorteil ist, daß es mit einem
Standardschnelldrucker arbeitet, während die größte
Beschränkung die standardmäßig vorgegebenen 48
Symbole des Schnelldruckers sind. Auf die
Möglichkeit, Spezialdruckerketten für kartographische
Zwecke anzufertigen, wird hingewiesen.

Das SYMAP-Programm kann drei Typen von Karten erzeugen:
1. Konturkarten: Diese Karten basieren auf den
   Linien, die gleiche Werte durch ihre gesamte
   Länge darstellen.
2. Choroplethenkarten: In diesem Kartentyp wird
   ein Durchschnittswert gebildet, der für mehrere
   administrative oder Zählungsbezirke gilt.
3. Proximalkarten: Sie sind ähnlich wie die Choroplethenkarten. Die Flächenwerte ergeben sich
   jedoch aus der Nähe zu ihren Datenpunkten.

Zur Anwendung des Programms ist eine Grundkarte
gleicher Größe und gleichen Maßstabs wie der gewünschte Output erforderlich. In dieser Karte sind
die Umrisse der Untersuchungsflächen, die Daten-
punkte, Stadtnamen usw. einzuzeichnen. Die so ein-
getragenen Standorte werden dann in Form eines Netzes

(Zeilen und Spalten) des Computerausdrucks bezeichnet. Für die Aufnahmen dieser Koordinaten können auch Digitizer verwendet werden.

Das SYMAP-Programm ermöglicht es, Daten zu mani-
pulieren, zu aggregieren, zu gewichten oder zu
anderen Daten in Beziehung zu setzen - je nach den
Wünschen der Benutzer. Dies ist eine der wertvoll-
sten Leistungen des Programms. So kann beispielsweise berechnet werden, wieviel Schulkinder pro
Quadratkilometer wohnen.

Das Programm enthält zusätzlich eine Reihe von Wahlmöglichkeiten:

1. Größe: Standardgröße ist 13 x 13''; sie kann
   jedoch geändert werden.

2. Inhalt: Diese Wahl erlaubt die Änderung des Maßstabs.

3. Anzahl der Klassen: Eine beliebige Zahl von
   Klassen bis zu 10 kann angegeben werden. Standard=5

4. Der minimale Datenwert kann angegeben werden.

5. Der maximale Datenwert kann angegeben werden.

6. Klassenbreite: Standardannahme sind
   äquidistante Klassenbreiten. Dies kann geändert
   werden.

7. Symbole: Neben den Standardsymbolen können alle
   Symbole der Druckkette verwendet werden.

8. Histogramm: Der normale Output beinhaltet
   ein Stabdiagramm im Anschluß an die Karte, das die
   graphische Verteilung der Datenwerte innerhalb
   der Klassen zeigt.

9. Text: Diese Option erlaubt die Einfügung von Text
   wie z.B. Überschrift, Angabe der verwendeten
   Rechenmethode usw.

Die bisherigen Ausführungen bezogen sich auf die
Version 4 des SYMAP-Programms. An der Version 5 wird
inzwischen gearbeitet; man hofft, sie Ende 1967 fer-
tigzustellen. Sie wird einige Verbesserungen und
zusätzlich eine größere Flexibilität erhalten.

133. Saliscev, Konstantin A.
    Über die internationale Zusammenarbeit in der thematischen Kartographie,"Petermanns Geographische Mitteilungen", Jg.113, (1961), Bd. 2,S.136-138

    Ausgehend von den Hauptaufgaben der thematischen Kartographie - die in der Schaffung von internationalen thematischen Weltkarten oder Karten von großen Regionen und in der Vereinheitlichung von thematischen Karten der verschiedensten Arten, die in den verschiedenen Ländern hergestellt werden - gesehen werden können, diskutiert der Autor dringende Probleme der internationalen Zusammenarbeit im Bereich der thematischen Kartographie.

134. Schäfer, H.
    Automation in der Kartographie
    Bericht über das Seminar mit der Arbeitsgruppe von Prof. Boyle, Universität Saskatchewan, Kanada, am 5.6.1972 in der Bundesforschungsanstalt für Landeskunde und Raumordnung.
    Rundbrief des Institutes für Landeskunde, (1972), H. 1, S. 14 - 15

    Boyle ist der Schöpfer des Kartographie-Systems, das beim Canadian Hydrographic Service (CHS) zur automatischen Herstellung von Seekarten verwendet wird.

    Das von Boyle und seinen Mitarbeitern beim CHS entwickelte System zur automatischen Herstellung von Seekarten besteht aus folgenden Teilsystemen:

    1. Koordinatenaufnahme,
    2. Datenmanipulation,
    3. Automatisches Zeichnen.

    Alle Systeme sind über Kleinrechner der PDP-8-Familie der Firma Digital Equipment programmgesteuert. Außer den Rechnern sind als wichtigste Geräte ein elektronischer Zeichentisch der Firma Gerber, ein Koordinatenaufnahmegerät der Firma d-mac, ein Tektronix-Bildschirmgerät und einige Externspeichereinheiten zu nennen.

Bei der Koordinatenaufnahme laufen im Rechner
Programme ab, die die Arbeit des Operateurs erleichtern, kontrollieren und korrigieren, so
daß z.B. der Anschlußpunkt bei geschlossenen
Grenzlinien per Programm gefunden wird, oder daß
kleine Abweichungen vom Linienzug - etwa durch das
Zittern der Hand verursacht - automatisch eliminiert werden.

Die aufgenommenen Koordinaten werden auf Magnetband
gespeichert und in einem größeren Rechner (IBM 360)
mit Hilfe von Zeichenprogrammen zu fertigen Karten
verarbeitet. Diese Karten werden in Form von Fahr-
befehlen für den Zeichentisch auf Magnetband gegeben.

Bevor jedoch das eigentliche Auszeichnen beginnt,
können die ganze Karte oder Teile davon auf einem
Bildschirmgerät sichtbar gemacht werden. Spezielle
Manipulationsprogramme, die nun im kleinen Steuerrechner ablaufen, erlauben es, Teile der Karte zu
vergrößern, zu verändern oder zu korrigieren,
einschließlich der Beschriftung. Dies geschieht
mit Hilfe eines Lichtpunktes, der per Hand auf jede
Stelle des Bildschirms bewegt werden kann und der
es dann mit Hilfe spezieller Befehle ermöglicht,
die Karte zu verändern und zu verbessern.

Ist die Karte in der gewünschten Form, so kann sie
auf dem Zeichentisch ausgezeichnet werden. Dies
geschieht bei Karten, die hohe Anforderungen an
die Genauigkeit stellen, wie etwa Seekarten, mit
Hilfe eines sogenannten Lichtkopfes auf Film.

Einige der sechs Vorträge von Prof. Boyle und
seinen Ingenieuren zeigten auch Zukunftsentwicklun-
gen auf: So ein präzises System zur Linienverfolgung,
d.h., zur völlig automatischen Koordinatenaufnahme.

Die Frage großer Bildschirme (1 m x 1,30 m) wurde
diskutiert, wobei Prof. Boyle die Meinung vertrat,
daß in Zukunft die herkömmliche Karte weitgehend
durch Bildschirmwiedergabe von Daten in Kartenform
ersetzt werde.

135. Schäfer, Heinrich
Bericht über erste Erfahrungen in der Automation
statistisch-thematischer Karten im Institut für
Landeskunde
"Nachrichten aus dem Karten- und Vermessungswesen",
Reihe I: Originalbeiträge

Der Verfasser berichtet über die im IFL 1970 instal-
lierte Hardware-Ausstattung (z.B. Z 25 + Z 64 Grapho-
mat), die inzwischen wieder abgebaut und durch
Calcomp-hardware ersetzt wurde (s.unter Ganser)
und über erste Ansätze für die Entwicklung von
Korrektur- und Sortier-sowie Rechen- und Zeichenprogrammen (überwiegend in ALGOL geschrieben).
Hierbei kommt der Verfasser zu folgenden ab-
schliessenden Bemerkungen:

Eine unserer wichtigsten Erfahrungen, die wir auf
dem Gebiet der Hardware gemacht haben, ist die,
daß man die Hardware-Ausstattung so kompatibel wie
möglich halten sollte. Dies bezieht sich sowohl auf
die Hauptdatenlieferanten, in unserem Falle das
Statistische Bundesamt, als auch auf die Software-
Ausstattung weltweit gesehen. Es muß möglich sein,
ohne allzu große Änderungen die wichtigsten Programme, die augenblicklich in der Welt produziert werden,
zu übernehmen. In diesem Zusammenhang werden noch
viele Fragen und Probleme der Generalisation und
Standardisierung, nicht nur auf nationaler, sondern
auch auf internationaler Ebene gelöst und ausgeräumt
werden müssen.

Was die Software-Seite anlangt, so bedingt eine
Automation, daß alle traditionellen über Jahr-
zehnte entwickelten Techniken und mehr oder weniger

individuelle Fertigkeiten neu überdacht und analysiert
werden müssen, um so ihren logischen Gehalt zu über-
prüfen. Denn die Automation verlangt eine Generalisierung des Einzelfalles und eine Standardisierung individueller Fertigkeiten und Techniken.
Individuelles Urteilsvermögen im Einzelfalle muß
ersetzt werden durch eine allgemeine Regel für
ähnliche Fälle. Die handwerkliche Zeichenqualität
wird ganz bestimmt etwas darunter leiden, aber die
Genauigkeit der Information wird sich verbessern,
ganz zu schweigen von den enormen Vorteilen, die
die Automation mit sich bringt, vor allem Schnelligkeit und wachsender Umfang in der Produktion von
Themakarten. Eine Karte in einer halben Woche zu produzieren anstatt in einem halben Jahr bedeutet einen
enormen Fortschritt, ganz zu schweigen von neuen
Techniken, die erst durch die Anwendung eines
EDV-Systems möglich werden. Dies wird zu einer
Renaissance der Kartographie führen, und vielleicht
dazu, daß die Karte als Forschungsinstrument wieder
mehr in Hände des Wissenschaftlers zurückgelegt
werden kann. Darüber hinaus wird der Wissenschaftler, Planer und Politiker weniger Zeit brauchen,
um Daten zu sammeln und sie in eine leicht verständ-
liche Form zu bringen. Er wird dagegen mehr Zeit
zur Interpretation und zum Treffen von Entscheidungen gewinnen. Diese Ziele zu verwirklichen wird
eine der Aufgaben der EDV-Abteilung in der Bundesforschungsanstalt in Zukunft sein.

136. Scheel, Gerd
       Handbuch "Schnelldruckerkartographie"
       Seminarunterlage der Datenzentrale Schleswig-
       Holstein, Kiel, 1972
       Der Forderung der Stadtplaner, kurzfristig und
       praktikabel den kleinräumig gegliederten Informa-
       tionsbedarf zu decken, wurde durch Raumgliederun-
       gen in Form von quadratischen Rastern oder in Form
       von Baublöcken bzw. Blockseiten (Blockgliederung)

entsprochen.

Eine kleinräumige Gliederung hat ihren Sinn verfehlt,
wenn der Merkmalbesatz für die Teilräume - Blöcke
oder Planquadratraster- nur aus tabellarischen
Übersichten, die, je feiner die Gliederung, umsomehr
zu ganzen Bändern oder Karteien anwachsen, abgelesen werden kann. Die Darstellung des Merkmalbesatzes
in Karten ist das eigentliche Ziel, das mit der
Einführung einer kleinräumigen Gliederung verbunden
werden muß. Dieser Forderung nach kartographischer
Darstellung der Informationen wird mit dem Kartierprogramm SYMAP entsprochen, welches auf elektronischem Wege die geforderten Karten herstellt.

Der Grundgedanke des Programms ist einfach. Er
läßt sich mit vier Schritten beschreiben.

Das durch Straßen und Baublöcke charakterisierte
Kartenbild der Gemeinde wird im Gedächtnis des
Computers gespeichert.

Der Computer ermittelt für jeden Block oder Straßen-
abschnitt die Detailinformationen. Auf Wunsch werden diese Informationen tabellarisch angeboten -
für spezielle Analysen der Einzelwerte.

Die ermittelten Einzelwerte werden zu übersicht-
lichen Informationsbereichen, den Klassen, zusammengefaßt, um den Zahlenwald zu lichten. Der Planer
grenzt nach seinen Bedürfnissen die Klassen ab. Jeder Informationsbereich erhält in aufsteigender
Schwärzungsskala eine Schattierungsstufe.

Die Gemeindekarte wird mit den gewählten Schattie-
rungen vom Computer ausgedruckt. Die flächenhafte
Verteilung der Informationen wie ihr regionaler
Zusammenhang sind ausgebreitet.

137. Schlager, Charles, W.
Die Vereinigung von kartographischen Funktionen
und Darstellungstechnik
"Internationales Jahrbuch für Kartographie",
Bd. VII (1967), S. 200-207
Bei der Automatisierung der Kartenproduktion und
der dazugehörigen Verfahren müssen die Gebiete der
Datenbehandlung,Originalherstellung und Farbtrennung

als ein zusammenhängender Produktionszyklus betrachtet werden. Nur wenn diese drei Maßnahmen ge-
meinsam entwickelt werden, können Vorteile aus
der heute zur Verfügung stehenden Technologie gezogen werden. Im Verteidigungsministeriums der Vereinigten Staaten von Amerika befaßt man sich mit
der Entwicklung eines einheitlichen Punktsystems.
Im Verlauf dieses Programms hat es sich herausgestellt, daß ein entscheidender Faktor bei der Einführung des Punktsystems aufgetreten ist. Das
sind die digitalen Daten, d.h. die Unterlagen für
Karten und Pläne müssen in digitaler Form vorhanden sein. Nur wenn die Einzelheiten von topographischen, hydrographischen, hypsographischen und
planimetrischen Informationen auf diese Form von
Daten reduziert sind, kann man sie verwerten und
sich ihrer bedienen bei Benutzung von Groß-Re-
chenanlagen und bei der Technik der Elektronen-
rechner. Wenn die Daten in digitaler Form vorliegen und wenn die heute verfügbaren technischen
Einrichtungen ausgenutzt werden, können Karten
aller Maßstäbe von den in der Datenbank digital dargestellten Kartenoriginalen neu hergestellt werden.
Man ist jetzt dabei, eine Inventarliste über die
Daten aufzustellen, die nicht nur die Grundlage
für das militärische Kartenherstellungsprogramm
bilden wird, sondern eine Datenbank, die auch
für eine Bestandsaufnahme der nationalen Hilfsquel-
len, für die Herausgabe von Atlanten usw. dienen
kann und die schließlich ermöglicht, Kartenkonzepte
für die Zukunft zu entwickeln - und somit eine Be-
freiung von den Produktionskonzepten, die solange
vorgeherrscht haben, bedeutet. Der Verfasser schlägt
Entwicklungsprogramme vor, die im Hinblick auf die
Digital-Datenbank, Vorrichtungen für die Modeller-
kennung, elektronische Übertragung von Daten und
elektronische Technologie erforscht werden sollten.

138. Schönebeck, Claus

> Rangkorrelation, Klassenzahlsummation, Typisierung,
> Rangzahlsummation, Benutzerhandbuch und Dar-
> stellung der Ergebnisse am Beispiel Lüneburg.
> Arbeit der Technische Universität Berlin, Lehr-
> stuhl für Stadt- und Regionalplanung. Berlin
> (September 1972)

Im Rahmen des Projektes Lübeck wurde an der TUB ein

Standardprogramm entwickelt, das es ermöglicht, die

nach dem GEWOS-Bewertungssystem erhobenen Ein-

zeldaten mit Hilfe des Programms SYMAP auf der

Fläche sichtbar zu machen.

Über die Kartierung von Einzeldaten hinaus sollte

versucht werden, Typen und Klassen zu bilden, die

mehrere, vorher auf den Zweck der Untersuchung

inhaltlich ausgewiesene Einzeldaten in sich aufneh-

men und aggregieren.

139. Schütt, K.-P.; Scharfetter, Gabriele

> Die automatische Koordinatenerfassung (Digi-
> talisierung)
> Seminarunterlage der Datenzentrale Schleswig-
> Holstein, Kiel (1972)

Aus einer großen Zahl von unterschiedlichen Sy-

stemen für die Digitalisierung wird hier das Arbeits

prinzip der bei einem Test eingesetzten Koordinaten-

erfassungsanlage erläutert. Die Anlage besteht im

wesentlichen aus folgenden Geräten:

- Grundelektronik mit Erfassungstisch, Koor-

    dinatenanzeige und Sensor (eine Art

    Lupe mit Fadenkreuz)

- Bedienungstastatur

- Datenausgabegerät (Lochstreifenstanzer).

Die im folgenden als Digitizer bezeichnete Anlage

dient der Entnahme lokalisierter Informationen

aus Karten, Kartenentwürfen usw. unter gleichzei-

tiger Speicherung auf einen Datenträger (z.B. Loch-

streifen).

Die zu digitalisierende Originalvorlage wird auf

dem Erfassungstisch justiert und befestigt. Dann

können alle interessierenden Punkte dieser Vorlage
mit dem Sensor angefahren werden. An der Koordina-
tenanzeige lassen sich die Koordinaten dieser Punkte ablesen. Durch Auslösen der Registrierung werden
die Koordinaten auf elektronischem Wege auf den Datenträger übernommen.

Nach demselben Prinzip lassen sich Linien, z.B. Gemeindegrenzen, digitalisieren, indem man mit dem
Sensor diese Linie vom Ausgangspunkt bis zu ihrem
Endpunkt nachfährt und dabei die Koordinaten in
bestimmten Abständen (z.B. alle 0,5 mm) automatisch
aufnimmt.

Für die weitere Verarbeitung ist eine Kennzeichnung
der aufgenommenen Koordinaten notwendig. Dazu lassen
sich über die Bedienungstastatur Punktnummern und
zusätzliche Code-Angaben auf den Datenträger übertragen.

Falsch digitalisierte Koordinaten lassen sich
mit Hilfe dieser Code-Angaben ebenfalls herausfin-
den.

140. Seele, E., Wolf, F.
Darstellung thematischer Karten mit Schnelldrucker
und Plotter auf der CD 3300
Mitteilungsblatt des Rechenzentrums der Universität
Erlangen - Nürnberg, Nr. 15, April 1973
Für den "statistisch" interessierten Benutzer
einer EDV-Anlage ist diese ein rationelles tech-
nisches Hilfsmittel, um mit den Methoden der mathematischen Statistik Einzelprobleme zu lösen. Eine
Menge von Einzeldaten sind zu gruppieren, zu vergleichen und zu analysieren. Die Ergebnisse sind
Tabellen und daraus erstellte Graphiken ohne direkten räumlichen Bezug. Um die statistischen Werte für
eine Bestandsaufnahme oder für zukünftige Planungen nutzbringend einsetzen zu können, muß die darin
enthaltene Information voll erschlossen werden.
Ein wichtiges Hilfsmittel hierzu ist die Darstellung der räumlichen Verteilung der Daten.

Die Überlegung, daß in eine elektronische Datenverarbeitungsanlage eingegebene, räumlich verteilte
Daten auch im Ergebnis in dieser räumlichen Zuordnung, d.h. als kartographische Daten ausge-
bracht werden können, führte zu den verschiedensten Darstellungs- und Automatisierungsversuchen.
Hierbei geht es grundsätzlich um zwei verschiedene
Problemkreise der kartographischen Darstellung,
der topographischen und der thematischen.

Bei der Herstellung von amtlichen, meist topographischen Karten spielt eine hohe Genauigkeit in der
Strichführung die entscheidende Rolle, d.h. die
peripher an den Computer angeschlossenen und durch
Fahrbefehle gesteuerten Zeichengeräte arbeiten
mit entsprechender topographischer Genauigkeit
und auch Schnelligkeit.

Bei der Anfertigung von thematischen Karten werden
raumrelevante Erscheinungen und Themen, absolute
oder relativierte Zahlenwerte mit kartographischen
Mitteln dargestellt. Die hierfür notwendigen
und in der kommunalen Planungspraxis rapid
zunehmenden Zahlen und Beobachtungsgrundlagen
lassen sich mit den verschiedensten an die
EDV-Anlage angeschlossenen Geräten direkt ausdrucken oder auszeichnen. Von besonderem Interesse
ist dabei der datengesteuerte Schnelldrucker (line-
printer), da er flächenhaft mit hinreichender
Geschwindigkeit und - dem Thema entsprechender
- Genauigkeit arbeitet.

141. Selander, Krister
A Spatial Information System. A Pilot Study. Registra
tion and Storing of Coordinates.
Central Board for Real Estate Data, Sundbyberg,
Sweden. FRIS C: 1, October, 1970

Selander beschreibt ein System zur Registrierung und
Speicherung von Koordinaten, das innerhalb des
Projekts FRIS verwendet wurde.

Alle Koordinaten für die Standorte von Objekten
innerhalb FRIS werden in der gemeinsamen Koordinatendatei gespeichert. Die Digitalisierung wurde mit
Hilfe eines Digitizers (CORADI) ausgeführt, der
die registrierten Koordinaten auf einem Lochstreifen ausgibt. Für die Registrierung werden drei
verschiedene, alternative Methoden beschrieben.

Die Koordinaten des Lochstreifens werden umgewandelt und danach auf Magnetband gespeichert.
Falls es sich um Koordinaten eines Netzwerks
handelt, ist sichergestellt, daß Punkte, die den
gleichen Knoten repräsentieren, exakt die gleichen
Koordinatenwerte erhalten. Zur Erkennung von Regi-
strierungsfehlern werden die Koordinaten danach
mit Hilfe eines Mikrofilmplotters (CALCOMP) gezeichnet. Falsche Koordinaten werden erneut digitalisiert
und durch die richtigen Werte ersetzt. Falls sich
die Registrierung auf mehrere Kartenblätter er-
streckt, werden alle Koordinaten in einem gemeinsamen Magnetband gespeichert. Dabei werden
die verschiedenen Kartenblätter miteinander verbunden.

142. Spieß, E.

Automatisierter Entwurf von Mengendarstellungen
"Intern. Jahrbuch für Kartographie", Bd.VII
(1968), S. 155-161

Innerhalb der thematischen Kartographie gewinnt
die Darstellung von Mengen immer mehr an Bedeutung.
Viele Untersuchungen werden heute mit Hilfe der
elektronischen Datenverarbeitung durchgeführt, was
dazu führt, daß die kartographische Darstellung der
Ergebnisse zum großen Teil auch automatisch geschieht. Die Mengendarstellungen erfolgen mit
Hilfe eines Rechen- und Zeichenprogramms, dessen
Aufstellung beschrieben wird. Das Programm gestat-

tet es, innerhalb kurzer Zeit eine Anzahl von
Varianten mit unterschiedlichen Signatur- oder
Diagrammformen und Abbildungsgesetzen zu erstellen. Ein Calcomp Plotter 565 wird als Zeichengerät benutzt.

Die zu kartierende Region und 4 verschiedene Karten-
maßstäbe können zusammen mit der Karte in die Maschine eingegeben werden, während alle anderen Parameter zusammen mit der Code- Karte eingegeben
werden. Für exponentielle oder logarithmische
Mengenabbildungsgesetze wird eine zusätzliche
Konstantenkarte benötigt. Nummer der Punkte, Koordinaten, Name und alle Mengendaten für jeden Ort
werden auf einer Lochkarte, der sog. Punktkarte,fest-
gehalten. Außer der Zeichnung, die höheren graphischen Anforderungen nicht genügt, muß auch
eine Liste ausgedruckt werden, die die genauen
Zeichendimensionen angibt. Der Entwurf in Form
des Plot wird nun in eine graphisch korrekte
Form gebracht. Das Programm kann hinsichtlich
seines Inhalts und der instrumentellen Gegebenheiten noch bedeutend erweitert werden.

143. Stadt Stuttgart
Handwerkszählung 1968, Wohnungszählung 1968.
Statistische Blätter, Sonderbeiträge, H. 28a. (Stutt-
gart, im Dezember 1971).
In dem vorliegenden Sonderheft der Statistischen
Blätter werden die Ergebnisse der Handwerks-
zählung vom 1. April 1968 und der Gebäude- und
Wohnungszählung vom 25.Oktober 1968 für die Stadt
Stuttgart insgesamt und für die Stadtteile ver-
öffentlicht. Zur kartographischen Darstellung
der Ergebnisse bediente man sich der elektroni-
schen Datenverarbeitung.

Mit Hilfe des Übereinanderdruckens verschiedener
Druckzeichen des Schnelldruckers ist es möglich, auf

sehr einfache Weise statistische Karten herzustellen. Die Beschreibung der verschiedenen Gebietseinheiten (hier: Stadtviertel) erfolgt mit
Hilfe der mit einem Digitalisiergerät ermittelten
Eckpunktkoordinaten der jeweiligen Stadtviertel-
Fläche. Die entsprechenden Daten sind auf Magnetplatte oder Magnetband gespeichert.

In den Karten sind nur die bebauten Teile der
Stadtviertel mit den den Merkmalsausprägungen ent-
sprechenden Symbolen belegt. Dadurch wird die
Karte besser lesbar und außerdem vermieden, daß von
der Größe des Stadtviertels ein optisch falsches
Bild vermittelt wird.

144. Stams, M. und W.
Konferenzen zu Fragen der thematischen Kartographie
in der UdSSR
"Petermanns Geographische Mitteilungen",
Jg. 116., (1972) H. 3, S.233-238
Auf Initiative der Sektion Mathematische Geographie und Kartographie der Geographischen Gesellschaft der UdSSR fand im Mai 1964 in Leningrad die erste wissenschaftlich-technische Konferenz zu Fragen der thematischen Kartographie statt.
Ihr erfolgreicher Verlauf veranlaßte die Initiatoren,
künftig regelmäßig solche umfassend vorbereiteten
Tagungen als Foren des Gedankenaustausches und der
Koordinierung der kartographischen Arbeit
durchzuführen. Die zweite Tagung wurde 1966
nochmals in Leningrad, die dritte 1968 in Irkutsk
und die vierte 1971 in Moskau abgehalten. Als
Tagungsort für die fünfte Konferenz im Jahre 1973
ist Tbilissi vorgesehen.

Von jeder dieser Konferenzen wurden die Vortrags-
thesen und Sammelbände mit jeweils einer Auswahl
vollständig wiedergegebener Vorträge veröffentlicht.
Sie verdeutlichen die außerordentliche Breite
der Herstellung und Anwendung thematischer Karten

Vielseitigkeit der Forschungs- und Entwicklungsarbeiten im Bereich der Themakartographie der
UdSSR.

145. Statistisches Bundesamt
Bevölkerung und Kultur, Fachserie A, Heft 2 zur
Volkszählung vom 27.5.1970 "Ausgewählte Struktur-
daten für nicht administrative Gebietseinheiten",
Wiesbaden 1970

In der vorliegenden Veröffentlichung sind für die

38 Gebietseinheiten des Bundesraumordnungsprogramms

79 statistischen Raumeinheiten der Verkehrsplanung

21 Räume der regionalen Aktionsprogramme

ausgewählte Strukturdaten der Volkszählung 1970
aufgrund der ersten Gemeindeergebnisse, die für
alle Gemeinden des Bundesgebietes in Form eines
Gemeindeblattes ausgedruckt wurden, zusammengestellt. Für jede der genannten nichtadministrativen
Einheiten sind neben den tabellarischen Ergebnissen noch neunzehn mit dem Schnelldrucker gefertig-
te kartographische Darstellungen beigefügt.

146. Statistisches Bundesamt
Unternehmen und Arbeitsstätten, Fachserie C, Vorbericht 2 zur Arbeitsstättenzählung vom 27.5.1970 "Nicht
landwirtschaftliche Arbeitsstätten und Beschäftigte
in nicht administrativen Gebietseinheiten, Ländern
und Kreisen", Wiesbaden, 1970

Die vorliegende Vorbericht 2 der Fachserie C
"Unternehmen auf Arbeitsstätten, Arbeitsstätten-
zählung vom 27. Mai 1970" enthält erste vorläufige
Ergebnisse über die Zahl der Arbeitsstätten (ört-
liche Einheiten) und Beschäftigten in nichtadministra-
tiven Gebietseinheiten, die im Vordergrund des
Interesses von Regionalplanung und -forschung stehen
(Gebietseinheiten des Bundesraumordnungsprogramms,
Räume der Regionalen Aktionsprogramme, Statisti-
sche Raumeinheiten der Verkehrsplanung).

Er enthält zum Schluß 3 kartographische Darstellungen der Gebietseinheiten des Bundesraumordnungsprogramms nach Stufen der Beschäftigtenzahl für die
3 großen volkswirtschaftlichen Bereiche des Pro-
duzierenden Gewerbes, des Handels und Verkehrs sowie
der übrigen Dienstleistungen. Diese Karten wurden
mit Hilfe des Schnelldruckers hergestellt.

147. Stempell, D.; Stier, P.
     Ausdruck graphischer Darstellungen auf dem
     Schnelldrucker
     "Rechentechnik und Datenverarbeitung" (1970),
     H. 8, S. 34-41

Die Ausgabe graphischer Darstellungen erfolgt bei
EDVA in der Regel durch Zeichen- oder Bildschirm-
geräte. Derartige Einheiten sind jedoch nur an
sehr wenige Typen von EDVA anschließbar. Für sehr
viele Fälle ist es jedoch möglich, graphische Darstellungen in hinreichender Qualität auch auf
dem Drucker einer EDVA auszugeben.

Es wird ein Programmpaket erläutert, das in für den
Programmierer leicht erlernbarer Form graphische
Darstellungen auf dem Schnelldrucker einer EDVA
ermöglicht. Dieses System ist auf allen Anlagen
benutzbar, die einen FORTRAN-Compiler und eine
entsprechende Speichermöglichkeit im direkten
Zugriff (Kernspeicher, Magnettrommel, Magnetplatte
(wird im hier besprochenen System benutzt) besitzen.

Es ist geplant, das System auch in PL/I zugänglich
zu machen. Damit dürfte ein breites Anwendungsgebiet in Zukunft erschlossen werden können.

Das Ziel dieses Systems ist es, auf der Grundlage
von vorgegebenen oder mit anderen Programmen berechneten Koordinatenpunkten durchgehende oder
gebrochene Linienzüge maßstabgerecht auf dem
Schnelldrucker auszugeben, Rechenergebnisse und
Texte in die Graphik einzufügen und damit gut les-
bare zweidimensionale Graphiken rationell auszugeben. Weiter sollen diese Darstellungen archiviert

und zu einem beliebigen Zeitpunkt abgerufen, ergänzt und/oder geändert werden. Die Maßstäbe (Ordi-
naten- und Abszissenrichtung) werden einerseits
durch das verwendete Papierformat und andererseits durch die Extremwerte der Koordinatenpunkte
bestimmt. Die Maßstäbe können entweder selbständig
errechnet oder vorgegeben werden.

Der Kernspeicherplatzbedarf des Programmsystems
beträgt bei externer Speicherung der Zwischen-
datei etwa 30 000 Byte.

Da die Möglichkeit, derartige Darstellungen auf
jeder EDVA auszugeben im Prinzip besteht, dürften
viele Anwendungsmöglichkeiten für solche Systeme
bestehen. Anwendungsmöglichkeiten existieren z.B.
für:
- Kartographische Übersichtsdarstellungen
- Prüfen von auf Zeichengerät (Plotter) auszu-
  gebenden Darstellungen
- Diagramme beliebiger Art
- Übersichtsdarstellungen von Werkstücken für
  automatisierte (technologische) Projektierung.
Die Benutzung von Zeichengeräten kann damit auf
die wirklich notwendigen Fälle beschränkt werden.

148. Stempell, D. u.a.
     EDV im Städtebau
     VEB Verlag für Bauwesen 1971
     In der vorliegenden Broschüre sind die
     ersten Ergebnisse der elektronischen Datenver-
     arbeitung (EDV) im Rahmen verschiedener Programm-
     anwendungen im Städtebau dargestellt. Bei einer
     derart komplexen Problematik, deren theoretische
     Entwicklung gerade an ihrem Beginn steht, wird
     noch geraume Zeit vergehen, bis das theoretische
     Gebäude etwas fester gefügt ist. Die Autoren sind
     jedoch der Meinung, daß gerade die breite Ausein-
     andersetzung mit den im folgenden aufgezeigten
     Problemen und den Versuchen zu ihrer Lösung einen

weiteren Schritt auf dem Wege der Anwendung von
Methoden und Verfahren der Operationsforschung
(OF) im Bereich des Städtebaus bildet.

Die EDVA und die in ihr gespeicherten Modelle
liefern aus bestimmten Ausgangsdaten Ergebnisse,
die der Städteplaner oder Architekt prüfen und
danach übernehmen oder verwerfen kann. Das heißt,
der Planer kommuniziert mit der EDVA bzw. spielt
bestimmte Modelle so lange durch, bis die Modelle
und die daraus erhaltenen Ergebnisse befriedigen.
Es existiert also ein Mensch-Maschine-System, und
innerhalb dieses kybernetischen Rückkopplungs-
prozesses überprüft der Mensch die Modelle und
Eingabedaten laufend an Hand der Ergebnisse und
korrigiert sie. Der Terminus "Mensch" ist hier nicht
als Individuum zu verstehen, sondern ist das gespeicherte Wissen eines bestimmten Kollektivs, das
einerseits die EDVA behrrscht, andererseits und
in erster Linie das für das Modell bzw. den zu
behandelnden Gegenstand notwendige Fachwissen
besitzt. Dieser Seite der prinzipiellen Möglichkeiten der Anwendung von EDVA und Modellen für
Städtebau und Architektur steht aber gegenwärtig
noch eine Reihe von Problemen gegenüber, die in
- ungenügender Aufbereitung der Aufgaben
- fehlender Kennzahlenarbeit
- ungenügender Sammlung verwertbarer Eingabedaten
- dem Fehlen vor- und nachgeordneter Modell
- Zuständigkeitsschwierigkeiten u.a.
begründet sind.

149 Stewardson, P.B.; Kraus, K.; Gsell, D.C.
DACS - Digital Automatic Countouring System XII
International Congress for Photogrammetry, Ottawa
1972
Die Verfasser diskutieren eine Möglichkeit zur automatischen Herstellung von Isolinien. Im Prinzip
sollten Konturlinien aus den Höheninformationen

abgeleitet werden können, die erzeugt werden, wenn
das Modell zur Erzeugung von Orthophotos abge-
tastet wird. Während der letzten Jahre sind
verschiedene Methoden versucht worden, aber keines
der Systeme hatte viel Erfolg, hauptsächlich weil
die Genauigkeit der abgeleiteten Konturlinien nicht
groß ist und immer noch sehr viel manuelle Arbeit
notwendig ist.

Eine eingehende Studie der theoretischen und praktischen Probleme bei der Ableitung von Konturlinien
aus den Höheninformationen zeigt, daß allein die
Software sehr viele Möglichkeiten bietet. Die
Gewinnung von digitalen Daten in hoher Geschwindigkeit während des Abtastens des Geländemodells weist
nur wenige praktische Schwierigkeiten auf, und
keine sind wirklich ernsthafter Natur. Sind diese
Daten gespeichert, können mit Hilfe des Computers
durch Interpolation die gewünschten Konturlinien
erzeugt werden.

Die Profildarstellung eines Modells ist eine
sehr viel schnellere Operation als die konventionelle Zeichnung von Isolinien, und aus diesem Grunde ist es verständlich, daß die Technik für die
Herstellung von konventionellen Linienkarten
verwendet werden kann. Selbst in ebenem Gelände,
in welchem normalerweise die Erzeugung von
Konturlinien sehr schwer ist, können moderne und
leistungsfähige Interpolationstechniken aus Daten,
die entlang eines Profiles oder anderer ausgewählter Linien gesammelt werden, sehr effizient Isolinien erzeugen.

Die Grundanforderungen an ein solches System sind:
Automation, soweit nur irgend möglich; Verallge-
meinerung und Vielseitigkeit, so daß alle Kontur-
probleme gelöst werden können; Genauigkeit, die

vergleichbar der konventionellen Konturzeichnung
ist; hohe kartographische Qualität; digitaler
Output, der für weitere automatische Verarbeitung geeignet ist (z.B. Volumenberechnung); be-
queme Handhabung und Wirtschaftlichkeit.

Der vorliegende Beitrag beschreibt ein praktisches
System, das auf der Grundlage dieserPrinzipien
entwickelt wurde.

150. Taylor, D.R.F.
        Bibliography on Computer Mapping
        Council of Planning Labrarians, Exchange Biblio-
        graphy, Februar 1972, Heft 263
        Das Kernstück der vorliegenden Veröffentlichung bil-
        det die Bibliographie, die rund 400 Titel ent-
        hält und in die Veröffentlichungen seit Ende der
        50er Jahre aufgenommen worden sind.

Taylor betrachtet die Computerkarte insbesondere
als analytisches Werkzeug. Die Computerkartographie
ist eine extrem wichtige Entwicklung innerhalb
des kartographischen Bereichs und nach Meinung
des Autors wird die Karte durch den Computer
ein so bedeutsames Werkzeug, wie sie es nie zuvor
gewesen ist. Die 70er Jahre werden eine Computer-
Kartographie-Dekade.

Das Ergebnis des mit Hilfe des Computers unter-
stützten kartographischen Prozesses ist eine
Serie von Karten, die eine geographische Darstellung jeder gewünschten Information geben
können. Jede Information mit räumlichem Bezug
kann kartiert werden, wozu in konventioneller
Weise eine Grundkarte herzustellen ist. Diese
Grundkarte braucht jedoch nur in Form einer Skizze
als Umrißlinie des zu untersuchenden Gebietes
einschließlich der Zonen oder Punkte, für
welche die Daten erhoben wurden, zu bestehen.

Bereich und Gegenstand der Computer-Kartographie
decken einen sehr weiten Anwendungsbereich ab.

Jeder Datentyp, der räumliche Bedeutung hat,
kann durch eine Vielfalt von Computer-Programmen
dargestellt, verglichen, aggregiert, verarbeitet
und analysiert werden. Die Computer-Kartographie
bietet ein Werkzeug an, das zur Untersuchung und
Analyse räumlicher Beziehungen zwischen verschiedenen geographischen Variablen dient, und dies
mit einem größeren Genauigkeitsgrad als je zuvor.
Dieses Instrument bietet"eine aufregende neue
Methode" des Vergleichs von Variablen, die mit
ungleichen Maßeinheiten gemessen sein können, da
die Basis für den Vergleich die flächenhafte
Verteilung dieser Variablen ist. Dadurch werden
Religionszugehörigkeit, Bildungsstand, Berufe,
politische Ansichten, Einkommenshöhe usw. miteinander vergleichbar.

Karten wurden zwar schon immer für den Vergleich
von Daten verwendet, insbesondere durch die
Benutzung von Überlagerungen, jedoch nur in einem
begrenzten Ausmaß. Die Möglichkeiten für solche
Vergleiche durch die Computer-Kartographie sind
immens, was durch die Veröffentlichung von Computer-Atlanten bestätigt wird. Anwendungsbe-
reiche sind neben der Orts-, Regional- und Landesplanung auch Bereiche wie Marketing, Stadtentwicklung, Geologie, Ingenieurwesen, geomagne-
tische Forschung, "Öl und Gas", Botanik usw.

Geographisch verschlüsselte Daten als Grundlage
von Datenbanken existieren bereits für verschiedene Gebiete und die nächsten Volkszählungen
in Kanada, den USA und dem Vereinigten Königreich
von England werden auf diesen Grundlagen durchgeführt und ermöglichen die leichte Anfertigung von
Computerkarten zur Darstellung der Zählungser-
gebnisse. Mit zunehmendem Datenvolumen werden
die Karten eine wachsende Bedeutung als Mittel

der Analyse und der Darstellung gewinnen. Diese
Möglichkeiten werden durch die Verwendung von
Kathodenstrahlröhren und der Datenfernverarbeitung
zusätzlich größere Bedeutung erlangen, insbesondere
wegen der Möglichkeit, hunderte von Karten zu betrachten, ohne daß eine einzige Karte ausgedruckt
wird. Die Entwicklung der Computer-Kartographie
wird ganz wesentlich die Verwendung von Karten
als analytisches Werkzeug vergrößern.

151. Taylor, D.R.F.
Computer Mapping: A Tool for the 1970's
"La Revue de Géographie de Montreal", Vol. 26
(1972), S. 381-389
Taylor gibt in dieser Abhandlung einen umfassenden
Überblick über die Entwicklung der Computerkartographie seit der Entwicklung der ersten Programme
im Jahre 1962. Er beschreibt ausführlich den zu be-
obachtenden Fortschritt seit dieser Zeit und geht
auf die erforderlichen Geräte zur Erstellung von
Computerkarten ein. Breiten Raum nimmt die Beschreibung der Programme zur Herstellung von Computerkarten ein, die in den Vereinigten Staaten,
Kanada, Schweden, Großbritannien und anderen Ländern
entwickelt wurden. Eine Reihe von Abbildungen demonstriert die Leistungsfähigkeit der vorhandenen
Programme. Die Leistungen, Wahlmöglichkeiten und
Eigenschaften einiger Programme werden ausführlich
diskutiert, während andere Programme nur genannt
werden:
1. SYMAP einschl. FLEXIN
2. RUMOR
3. ORID
4. OTOTROL
5. LOKAT
6. GRASP
7. SYMVU
8. CALFORM
9. MANS

10. LUDS (Land Use Data System)

11. MAP 01

12. MAPPAK

13. STATPAK

14. LINMAP 2

15. COLMAP

Neben diesen namentlich genannten Programmen wird
auf eine Reihe weiterer Aktivitäten in den
verschiedenen Ländern hingewiesen.

152. Tobler, W.R.
Automation in the Preparation of Thematic Maps,
"The Cartographic Journal", Vol. 2 (June 1965).
S. 32-38
Es wird die Frage diskutiert, welche der im folgen-
den dargestellten Schritte des kartographischen
Prozesses bereits automatisiert worden sind.

1. Erkennen, daß eine gewisse Erscheinung von N
   Bedeutung ist.

2. Versuchen, die Erscheinung zu quantifizieren
   (klassifizieren, aufzählen, ordnen, Maßstab
   festlegen) und zu lokalisieren.

3. Überführung des terrestrischen Standortes in
   eine entsprechende Position auf dem Kartenblatt

4. Zuweisung von eindeutigen Symbolen zur untersuchten Erscheinung, die optisch repräsentativ
   für die untersuchte Erscheinung sein sollen

5. Die Symbole müssen an dem "richtigen Ort"
   in der Karte plaziert werden.

Bisher sind lediglich die Schritte 2, 3 und 5
automatisiert. Die Schritte 1 und 4 sind gar nicht
bzw. nur sehr schwierig zu automatisieren.

Auf die bereits eingesetzten Geräte (Schnelldrucker,
Koordinaten-Plotter (die sich nicht merklich von
Druckern unterscheiden), automatische Zeichengeräte,
Karthodenstrahlröhren) und Verfahren wird kurz ein-
gegangen.

153. Tobler, Waldo, R.
Choropleth Maps without Class Intervals
University of Michigan, Ann Arbor, o.J.

Da es nunmehr technisch möglich ist, kontinuierliche Grauschattierungen mit automatischen Zeichengeräten herzustellen, ist es nicht länger notwendig, daß der Kartograph die darzustellenden Daten zu Datenklassen zusammenfaßt. Somit können Rechenfehler bei der Klassenbildung ausgeschlossen werden.

Der Plotter kann bei entsprechender Programmierung jede gewünschte Schraffur erzeugen.

Unter Verwendung von optischen Zeichenköpfen kann man sogar noch verfeinerte Ausgaben erhalten. Somit können Choroplethenkarten erzeugt werden, deren Schattierungen exakt der "Datenintensität" proportional sind.

154. Tobler, Waldo, R.
L'automation dans la préparation des cartes thématiques (Automation bei der Herstellung thematischer Karten).
"Internationales Jahrbuch für Kartographie",
Bd. VI (1966), S. 81-93

In einem großen Teil der thematischen Karten sind Daten verarbeitet, die von statistischen Ämtern gesammelt worden sind. Wie die Erfahrung zeigt, lassen sich statistische Daten und Kartennetzentwürfe leicht für Digital-Rechenmaschinen aufarbeiten. Die einfachsten Geräte, die man für eine automatische Herstellung von Karten gebrauchen kann, sind schreibmaschinenartige Vorsatz-Geräte zu den elektronischen Rechenmaschinen. Beispiele automatisch erstellter Karten stammen von Stadtplanern, Geographen und anderen. Meistens handelt es sich um Punkt-Karten (Objekt-Positionskarten) oder um Mosaik-Karten. Koordinaten-Zeichenmaschinen können für ähnliche Zwecke eingesetzt werden. Auch mittels Kathodenstrahlenröhren lassen sich Aufgaben mit großer Zeitersparnis lösen. Beispiel: Darstellung

der Fahrwege von drei Millionen Automobilen durch
die Innenstadt von Chicago. - Die linienzeichnenden
automatischen Zeichenmaschinen wie z.B. automatische Zusatzgeräte zu photogrammetrischen Auswerte-
geräten können zur Erstellung der Entwürfe von
Isolinien oder von Küstenlinien benutzt werden.
Die Verwendung solcher Geräte wird durch die Möglichkeit erleichtert, die dazugehörenden Daten
auf Magnet-Bänder zu speichern. Für sämtliche Küstenlinien der Erde sind die Koordinaten bereits auf
Magnetband erhältlich. Von allen Problemen, die
sich aus der Verwendung elektronischer Rechenmaschinen ergeben, scheint dasjenige der automatischen
Generalisierung das schwierigste zu sein.

155. Töpfer, E.
Automatisierung der Kartenherstellung
"Wissenschaftliche Zeitschrift der TU Dresden",
Jg. 18 (1969), H. 2
In der vorliegenden Arbeit wurde versucht, in all-
gemeiner Form die Hauptrichtungen der Automati-
sierung der Kartenherstellung zu umreißen und
die prinzipiellen Lösungswege zu erläutern. Dabei
zeigten sich enge Beziehungen der Kartographie zur
Geodäsie und vor allem zur Photogrammetrie.

Die eigentliche kartographischen Prozesse befinden
sich heute an einem Wendepunkt. Bei der Gestaltung
einfacherer thematischer Kartenelemente wurden die
größten Fortschritte erzielt. In den USA werden
bereits mit Automatensystemen jährlich 400 Millionen Luftfahrtkarten hergestellt. Für andere kartographische Aufgaben, insbesondere der Kartengestaltung und der Generalisierung, sind noch vielfältige Grundlagenforschungen nötig, auf die hier
nicht näher eingegangen werden konnte. Es ist innerhalb der nächsten zehn Jahre zu erwarten, daß die
Automatisierung der verschiedenen kartographischen

Prozesse auch bei den anderen Kartenarten schrittweise in die Produktion eingeführt werden wird.

156. Töpfer, E.

Ein Darstellungsprogramm. Statistik in Raumlage
"Vermessungstechnik", Jg. 20 (1972), H. 7, S. 263-266
In Zusammenarbeit der Sektion Geodäsie und Kartographie der Technischen Universität mit dem Kartier-
und Auswertezentrum des VEB Kombinat Geodäsie
und Kartographie wurde ein Darstellungsprogramm
für Statistik in Raumlage entwickelt und für
den Rechner C 8205 programmiert. Es gestattet die
lokalisierte Ausgabe statistischer Daten mit dem
Schreibwerk des Rechners in Form der Originaldaten
sowie daraus abgeleiteter Kennziffern und Zeilen-
kartogramme. Die wesentlichsten Darstellungsvarian-
ten des Programms werden vorgeführt und zusammen
mit den allgemeinen Problemen der Herstellung und
Anwendung von Statistik-in-Raumlage-Darstellung
erläutert. Das Programm ist für Gitternetze,
administrative und beliebige andere Bezugseinheiten verwendbar.

Für die Kartographie liegt ein wichtiges Anwendungsgebiet der Statistik in Raumlage bei der Herstellung redaktioneller Vorlagen. Statistische Daten,
die für Atlanten oder andere Karten zu verarbeiten sind, stehen in wachsendem Maße auch in ma-
schinenlesbarer Form zur Verfügung. An Hand der
Daten kann der Rechenautomat sehr schnell die Einheiten den Größenklassen, Farbstufen usw. zuord-
nen und entsprechende Kennziffern lokalisiert aus-
geben.

157. Töpfer, E.

Zur Kartogrammherstellung mit Rechenautomaten
"Vermessungstechnik". Zeitschrift des Vermessungs-
und Kartenwesens für Wissenschaft und Praxis.
Jg. 16 (1968), H. 10, S. 365-370
Zur Auswertung statistischer Erhebungen werden heute
vielfach Rechenautomaten eingesetzt. Durch geeignete Programmierung läßt sich erreichen, daß die

Maschine die statistischen Daten und Ergebnisse
nicht nur in Tabellenform, sondern auch in den
Bezugseinheiten entsprechender räumlicher Lage,
d.h. in Kartogrammform ausdruckt. Nach Bedarf
können die Zahlenangaben selbst als Statistik
in Raumlage oder umgeschlüsselt als Figuren- oder
Flächenkartogramm gedruckt werden. Flächenkarto-
gramme bringen die Gesetzmäßigkeiten und Zusammenhänge der territorialen Verteilung am besten zum
Ausdruck. Zum Zwecke des Variantenvergleichs und
des Auffindens optimaler planerischer Lösungen können in kürzester Frist Kartogramme verschiedener
Ausführungen hergestellt werden.

Die Untersuchungen zeigen, daß Rechenautomaten
vielfältige kartenartige Darstellungen von
statistischen Daten und Charakteristiken territorialer Einheiten anfertigen können, die als Grundlagen und Arbeitsmittel große Bedeutung für die
Stadtplanung, Gebietsplanung, Leitung der Volkswirt-
schaft usw. haben.

158. Tomlinson,R.F. (ed.)
Environment Information Systems
A publication of the International Geographical
Union Commission on Geographical Data Sensing and
Processing. The Proceedings of the UNESCO/IGU,
First Symposium on Geographical Information Systems,
Ottawa, September 1970
Zwischen dem 28. September und dem 2.Oktober 1970
trafen sich 48 Experten aus 9 Ländern in Ottawa,
Kanada, zum ersten Symposium über geographische
Informationssysteme, um den Stand der Arbeiten be-
züglich der Verarbeitung von räumlich spezifi-
zierten Daten zu prüfen, die die Umwelt betreffen.
In diesem von der Universität Saskatchewan, Saskatoon,
veröffentlichten Buch sind die Arbeitspapiere und
Diskussionsberichte gesammelt. Kurzbeschreibungen
der zahlreichen Systeme werden ebenfalls vorgestellt.

Ein Überblick über Möglichkeiten und existierende
Probleme der Eingabe von Umweltdaten, der Anwendung
und Verarbeitung von Umweltdaten und ihre Ausgabe und Darstellung wird ebenfalls vorgelegt.
Diese Zusammenfassung der Tagungsergebnisse liefert
ein System für die Prüfung der Zusammenhänge zwischen
Datenerhebung, Datenspeicherung und Datenbedürfnisse
für das Treffen von Entscheidungen.

159. Tomlinson, R.F.
Environment Information Systems
Geographical Data Handling. Symposium edition. Vol.I,
Ottawa, Aug. 1972
Im September 1970 fand das 1. Symposium über Environment Information Systems (EIS) in Ottawa statt, wobei eine Reihe von Arbeitsgruppen gebildet wurden,
die systematisch insbesondere folgende Themen-
bereiche für das 2. Symposium im August 1972 er-
arbeiten und übersichtlich darstellen sollten:

- Gewinnung geographischer Daten
- Definition und Überblick über geographische
  Informationssysteme
- Verarbeitung geographischer Daten
- Kommunikation, Aufgaben und Verbreitung geographi-
  scher Daten
- Nutzen und Wirtschaftlichkeit geographischer
  Informationssysteme

Die vorliegende Veröffentlichung beinhaltet die
Ergebnisse der Arbeitsgruppen. Sie gibt einen
zusammenfassenden Überblick über geographische
Informationssysteme für all jene, die Entscheidungen über die Verwendung oder Entwicklung solcher
Systeme zu treffen haben. Geographische Informationssysteme können als gemeinsame Basis
zwischen Informationsverarbeitung und den vielen
Bereichen der Verwendung räumlicher Analysetechniken
angesehen werden. Geographische Informationssysteme
variieren mit Bezug auf das abzudeckende Untersuchungsgebiet, der Art der Information und dem Ge-

nauigkeitsgrad. So wesentliche Gebiete wie die
Metereologie, die Forstwirtschaft, die Hydrologie,
die Landwirtschaft, die Stadt- und Landesplanung,
um nur einige wenige zu nennen, sind mögliche Anwendungsgebiete für geographische Informationssysteme.
Die räumliche Genauigkeit kann von der präzisen Angabe eines Standorts einzelner Ereignisse bis zur
statistischen Summe von großen Gebieten reichen.
Diese Beispiele verdeutlichen das breite Anwen-
dungsfeld und die Variablität der Systemmerkmale,
die in den geographischen Informationssystemen
impliziert sind.

Geographische Informationssysteme erlauben die Wiedergewinnung, Analyse und Ausgabe raumbezogener Daten anhand räumlicher Kriterien. Allen diesen
Informationssystemen ist ein einheitliches Problem
zu eigen, nämlich die Forderung nach einem geographischen Bezugssystem, wofür externe Zuordnungs-
tabellen, geographische Koordinaten, unabhängige
Gitternetze oder eine spezifizierte Grenzbe-
schreibung in Frage kommen.

160. Tomlinson, F.R.(ed.)
Geographical Data Handling
Symposium Edition (A Publication of the International Geographical Union Commission on Geographical Data Sensing and Processing for the Unesco/
IGU Second. Symposium on Geographical Information
Systems), Ottawa, August 1972
Im Jahre 1971 unternahmen es 5 Arbeitsgruppen, die
aus 70 Personen von 11 Ländern bestanden, einen
Überblick über den gegenwärtigen Stand der Datengewinnung, Datenspeicherung, Analyse und Ausgabe
geographischer und Umweltdaten zu geben. Die vorliegende Veröffentlichung führt die Arbeitsergeb-
nisse zusammen. Dabei wird auf die Probleme der Erhebung von Umweltdaten eingegangen. Eine Beschreibung und kritische Betrachtung der Beiträge zu allen

Fernerkundungstechniken wird gegeben. Eine Übersicht über existierende Hardware und Gerätesyste-
me zur Verarbeitung von Umweltdaten schließt sich
an. Ebenso werden Methoden und Algorithmen für
die Verarbeitung und Analyse spezieller Daten
vorgestellt. Alle bestehenden Typen der graphischen Ausgabe von Computersystemen sind illu-
striert und erläutert. Diskutiert werden auch
die Entwurfskriterien und Wirtschaftlichkeitsüber-
legungen zu Systemen, die Umweltdaten verarbeiten.
Ein Modell zur Schätzung der Effektivität bestehender Systeme für die geographische Datenverarbeitung und Fallstudien werden vorgestellt und geprüft. Eine Bibliographie ausgewählter Titel
bildet den Abschluß.

161. Tost, Ronald
Der Einsatz interaktiver Methoden zur Lösung von
Problemen aus der Automatisierung der Kartographie
Interner Bericht Nr. 2 (1973) der Gesellschaft
für Mathematik und Datenverarbeitung, Birlinghoven

Der Einsatz interaktiver Methoden wird an folgenden Problemen aus dem Gebiet "Automation in der
Kartographie" dargestellt:

a. DATENKORREKTUR:

Beim Umwandeln der in einer topographischen
Karte vorhandenen Informationen in digitale
Form werden bei einem manuell geführten
Digitalisiergerät Fehler gemacht, die sich
bei einer Weiterverarbeitung dieser Daten
störend bemerkbar machen würden. So müssen oft-
mals getrennte aber zusammengehörende Linien
miteinander verbunden, doppelt digitalisierte
Kurven nur einmal gespeichert, geschlossene
Kurven als solche erkannt werden, usw. Eine
Interaktion (Selection der fehlerhaften Daten,
Zooming, usw.) bietet sich als einzige Lösung
an, diese Fehler zu beheben.

b. DATENREDUKTION:

Im allgemeinen wird bei der Umsetzung graphisch

dargestellter Daten in digitale Form eine zu
große Datenmenge gewonnen; somit ist für eine
Wiedergewinnung der graphischen Information
nur eine Datenmenge mit kleinerem Speicherplatz-
aufwand erforderlich.

Zur Steuerung und Erprobung von Datenreduktions-
methoden können interaktive Methoden herange-
zogen werden. Es ist geplant, diese Interaktion
nicht bei der Kartenherstellung, sondern nur im
Entwicklungsstadium einzusetzen. Die Datenreduk-
tionsmethoden werden an digitalisierten Höhenlinien getestet.

c. KRÜMMUNGSVERHALTEN VON STRASSEN

Zur Darstellung einer Straße durch Geraden,
Kreise und Klothoiden benötigt man Aussagen
über das Krümmungsverhalten der Straße. Da die
Straßendaten in digitaler Form in einer DV-Anlage vorliegen, müssen Algorithmen entwickelt
werden, mit denen die Krümmung berechnet werden
kann. Die Interaktion wird somit wie in b. zur
Entwicklung und Erprobung geeigneter Algorithmen.
eingesetzt.

162. Tost, Ronald

Mathematische Methoden zur Datenreduktion digitalisierter Linien
"Nachrichten aus dem Karten- und Vermessungswesen". Reihe I: Originalbeiträge, H. 56
(1972) S. 49-61

Mit Hilfe mathematischer Approximationsverfahren
(insbesondere der diskreten Tschebyscheff-Appro-
ximation) werden numerische Methoden zur Datenreduktion digitalisierter Linienelemente auf
DV-Anlagen untersucht. Durch zusätzliche Verwendung platzsparender Speicherungsmethoden in
einer DV-Anlage können günstige Reduktions-
verhältnisse für den Speicherplatzbedarf erzielt
werden.

163. Trachsler, Heinz

Orthofotos als Grundlage für Landnutzungsaufnah-

men mit Hilfe von Stichprobenerhebungen und Compu-
ter
"Kartographische Nachrichten", Jg. 22, (1972), H. 4,
S. 149-156

Landnutzungskarten [1] und Landnutzungsstatistiken
gewinnen heute immer mehr an Bedeutung, sei es
als Planungsunterlagen oder als Basis für wissenschaftliche geographische Untersuchungen. Die
konventionellen Kartierungsmethoden sind für solche Zwecke meistens zu langsam und zu aufwendig.
Die Anwendung von Stichprobenmethoden und der Einsatz elektronischer Datenverarbeitungsanlagen
ermöglichen es jedoch heute, derartige Unterlagen
schneller und billiger zu beschaffen.

Dem Untersuchungsgebiet wird ein Stichprobenraster
(Gitternetz) überlagert. Die einzelnen Punkte wer-
den dabei mit einer verschlüsselten Angabe über die
Landnutzung ortsbezogen gespeichert. Man erhält
auf diese Weise eine Datenbank, in der die Daten
in Form einer Matrix angeordnet sind. Unter einer
Matrix verstehen wir in diesem Fall ein Verzeichnis
von Landnutzungsdaten, die sich auf ein rechteckiges
Koordinatensystem beziehen und in numerischer Form
aufgezeichnet sind. Auf diese Weise gespeicherte
Daten, die als Basis für die Herstellung von
Karten und Statistiken dienen, haben den großen
Vorteil, daß sie mit relativ geringem Aufwand
immer wieder dem neuesten Stand angepaßt werden
können, wodurch man der Nachfrage nach aktuellem
Grundlagenmaterial gerecht werden kann.

Im Zuge einer tarionelleren Datenbeschaffung kommt
dem Luftbild als Informationsquelle für derartige
Landnutzungsaufnahmen eine immer größere Bedeutung
zu. Es drängt sich geradezu als ideales Hilfsmittel

---

1) Unter Landnutzung verstehen wir die gesamte
   Nutzung des Bodens, also auch nichtlandwirtschaft-
   lich genutzte Gebiete wie Siedlungen, Bahnen,
   Straßen etc.

auf, das in den meisten Fällen wesentlich zu einer
weiteren Rationalisierung beitragen kann. Die
Feldarbeit reduziert sich auf die Begehung einzelner Probeflächen und bildet die Grundlage für die
Zusammenstellung eines Photoschlüssels, mit dem
dann das restliche Gebiet interpretiert werden
kann.

164. Graphic Systems Design and Application Group
        Preliminary User's Notes on Interactive Display
        System for Manipulation of Cartographic Data.
        University of Saskatchewan, Electrical Engineering
        Department, July 1972

Die wachsende Verwendung von digitalisierten Kartendaten erfordert die Entwicklung eines Untersystems,
das in Kartenform Möglichkeiten für die rasche
Prüfung, Beseitigung und Modifikation von kartographischen Daten bereitstellt. Diese Anforderungen
werden in hohem Grade durch das C.A.M.C. (Computer Aided Map Compilation System = computerunterstütz-
tes Kartenkompilationssystem) erfüllt, das von der
Universität von Saskatchewan mit finanzieller
Unterstützung des Canadian Hydrographic Service
entwickelt wurde.

Die Verarbeitung von kartographischen Daten teilt
man in zwei Phasen ein, nämlich die Erhebung der
Daten und ihre Einfügung in eine Datenbank und die
Verwendung dieser Daten zur Herstellung von Karten
oder Graphiken. Das hier beschriebene System
berücksichtigt diese beiden Kartegorien ebenso wie
die Bereitstellung einer Abfragetechnik für die
Datenbank selbst.

Das System basiert auf einem Minicomputer (PDP-8K),
Magnetspeicher und interaktivem Datensichtgerät (Tek-
tronix 611) zur interaktiven Datenmanipulation.

Die Programme werden jetzt dokumentiert (Juli 1972)
und können an Interessenten abgeben (evtl. umge-
schrieben)werden.

Das gesamte System (C.A.M.C.) wird ganz detailliert
beschrieben (bis zur Erläuterung einzelner Pro-
grammbefehle).
Vgl. insbesondere auch:

Schäfer, H.   Automation in der Kartographie, Rundbrief IfL, 1972/1, S. 14. f.

Schäfer, H.   Automation in der Kartographie, Bericht
über das Seminar mit der Arbeitsgruppe
von Prof. Dr. Boyle, Universität
Saskatchewan, Kanada, am 15. Juni 1972
in der Bundesforschungsanstalt für
Landeskunde und Raumordnung, S. 13 ff.

165. U.S. Bureau of the Census
Census Use Study: Computer Mapping, Report No. 2
Washington, D.C., 1969

Die Studie befaßt sich ausschließlich mit der kartographischen Darstellung statistischer Daten mit
Hilfe der EDV, den dafür gegenwärtig vorhandenen
Maschinen und Programmen und den Grundanforderungen für die Computer-Kartographie.

Zunächst wird berichtet, daß sowohl die Verwendung
von Netzkoordinaten bei der Datenerhebung als
auch der Aufbau einer geographischen Grunddatei,
die Straßenadresse, Zählbezirk, Blocknummer und
Netzkoordinaten miteinander verbindet, scheiterten.
Dies führte zur Entwicklung von DIME (Dual Indepen-
dence Map Encoding), das alle Tests erfolgreich
bestanden hat.

Es wurden fünf Haupttypen von automatischen Kartographieprogrammen und -geräten getestet, worüber
detailliert berichtet wird.

1. MAP 01 (Schnelldruckerkarte)
MAP 01 wurde für die Transportplanung entwickelt.
Das Programm weist die Daten einem 0,5 Zoll-
Gitternetz auf dem Ausdruck zu. Es bietet zwei
verschiedene Darstellungsmöglichkeiten. Werte-
karten mit Zahlen (numerical maps) innerhalb

von 1/2-Zoll Quadratrastern und Dichtekarten,
wobei bis zu 20 Zeichen, z.B. Punkte, innerhalb
einer jeden Rasterfläche gedruckt werden können.
Der Ausdruck erfolgt auf standardmäßigem 11x15
Zoll-Listenpapier, wobei an den Kartenrändern
Koordinatenintervalle angegeben werden. Die Daten
müssen vorsortiert und zeilenweise organisiert
sein. MAP 01 ist wahrscheinlich das einfachste
der hier untersuchten Systeme; als letzte Version
entstand MAP 05.-MAP 0 1 arbeitet mit zwei Maßstäben: 1 Zoll = 1 Meile und 1 Zoll = 2 Meilen;
durch Vorprogramme sind andere Maßstäbe möglich.

Ein MAP 01 ähnliches Programm namens GRIDS (Grid
Referenced Information Display System) ist in
der Entwicklung.

2. SYMAP (Schnelldruckerkarte/1963, Howard Fisher)
   SYMAP ist das bekannteste, umfassendste und am
   meisten verwendete Kartographieprogramm, das
   gegenwärtig verfügbar ist. Es benutzt die mittels
   Schnelldrucker verfügbaren Druckzeichen und
   11 x 15 Zoll Listenpapier. Linien können grob
   angenähert werden und Flächen können in 10 Graustufen schattiert werden. Die Anforderungen sind
   ähnlich wie bei MAP 01. Getestet wurden die
   Versionen IV und V. SYMAP V ermöglicht drei
   Kartentypen
   - Conformal Option: die schattierten Flächen
     sind näherungsweise Darstellungen der
     geographischen Flächen
   - Contour Option: Die Datenwerte werden Ein-
     zelpunkten zugewiesen, z.B. Blockflächen -
     oder Bezirksmittelpunkten. Das Programm
     schattiert Umrißlinien durch Bildung gleich-
     großer Intervalle, die den Wertebereich
     zwischen jedem Punktepaar darstellen.
   - Proximal Option: Die Datenwerte werden
     wiederum Einzelpunkten zugewiesen. Das

Programm schattiert die betreffenden Werte von
jedem Punkt bis zu einer imaginären Linie mit
gleichem Abstand zwischen jedem Paar benachbarter
Punkte.

Das Programm SYMAP hat zusätzlich eine Reihe von
Unterprogrammen zur Berechnung statistischer
Kennwerte.

3. Plotterkarten

    Getestet wurden drei Tischplotter und zwei Trommel-
    plotter. Im Vergleich zu anderen Geräten arbeiten
    sie ziemlich langsam. Einige Experimente werden
    kurz beschrieben.

4. Kathodenstrahlröhren (CRT)

    Es wird sehr kurz über die Herstellung verschiede-
    ner Karten, z.B. Punktdichte-Karten, mit zwei Gerä-
    ten berichtet. Bei den Tests wurde mit 35 Millime-
    ter-Film und Vergrößerungen gearbeitet. Befriedi-
    gende Ergebnisse wurden erzielt.

5. Geospace Plotter

    Diese neuesten Geräte bestehen aus einer rotieren-
    den Trommel, auf der Fotopapier befestigt ist. Ein
    Linsensystem projiziert das Bild einer CRT auf
    den Film. Die Bilderzeugung auf der CRT und die
    Filmbelichtung dauern nur Sekunden. Geospace Plotter
    verbinden die Geschwindigkeit der CRTs mit der
    großformatigen Kartenherstellung durch Plotter.
    Diese Geräte können alles zeichnen, was ein
    Kartograph auch kann. - Getestet wurden Linien -,
    Punkt- und schattierte Karten sowie Karten mit Sym-
    bolen. Diese Kartenherstellung ist relativ teuer.

Für alle getesteten Verfahren sind Kartenbeispiele ab-
gedruckt.

Zur Bewertung der Computerkartographie wurden verschiedene Benutzerbefragungen durchgeführt, die in
etwa unsere heutigen Erfahrungen bestätigen.

Der Bericht wird mit wichtigen Hinweisen auf Verfahren, Geräte, Techniken, Kosten und Arbeitsaufwand für künftige Benutzer abgeschlossen.

166. Voss, Ferdinand
   Ein neuer Typ der Forstbetriebskarte, hergestellt
   auf der Grundlage maßstäbiger Luftbildkarten
   "allg.Forsttg.", 1970, Heft 31
   Nach kurzem Rückblick auf Herstellungsverfahren
   und Mängel der heute noch üblichen konventionellen
   Forstbetriebskarten wird über einen in Nordrhein-
   Westfalen in der Entwicklung begriffenen neuen Typ
   der Forstbetriebskarte auf der Grundlage von Luftbildkarten 1 : 5 000 (Orthophoto) berichtet. Die
   vom Einrichter überarbeitete Luftbildkarte (Entwurf der Waldeinteilung) wird mit Hilfe eines Daten-
   erfassungsgerätes "digitalisiert". Gleichzeitig
   werden weitere Informationen (Strichbreiten, Schrif-
   ten-Positionierung, Signaturen) eingegeben. Nach
   entsprechender Programmierung erfolgt die Kartierung des "Grenzlinienbildes" im Maßstab 1 : 10 000
   vollautomatisch. Das digitale Modell dient außerdem der automatischen Flächenberechnung. Durch
   reproduktionstechnische Kombination der in 1:10 000
   reduzierten Luftbildkarten mit dem "Grenzlinien-
   bild" entsteht der neue Forstbetriebskartentyp.
   Abschließend folgen Wirtschaftslichkeitsbetrachtun-
   gen und ein Ausblick auf die künftige technische
   und notwendige organisatorische Entwicklung.

167. Voss, Ferdinand
   Zur Herstellung von Forstbetriebskarten mit Hilfe
   maßstäbiger Luftbildkarten und automatischer Rechen-
   und Kartieranlagen unter besonderer Berücksichtigung der Verhältnisse in Nordrhein-Westfalen
   "Allgem. Forst- u. Jagdzeitung", Jg. 141
   (1970), H. 8/9, S. 153-160
   Nach Schilderung der kartentechnischen Ausgangs-
   situation in süddeutschen und norddeutschen Bundes-
   ländern werden die Mängel bei der erstmaligen
   Herstellung und späteren Laufendhaltung von
   konventionellen Betriebskarten erläutert und die

Gründe für die keineswegs ausreichende Ausschöpfung
des amtlichen Luftbildmaterials aufgezeigt. Alsdann schildert der Verf. das in Nordrhein-Westfalen
in der Entwicklung begriffene Verfahren zur Herstellung und Nachführung von modernen Forstbetriebskarten auf der Grundlage von Luftbildkarten 1 : 5 000
(Orthophoto) bei weitgehendem Einsatz der EDV. Das
Automationssystem wird in Aufbau und Wirkungsweise
eingehend erläutert. Abschließend folgen Betrach-
tungen über Wirtschaftlichkeit, Reproduktionsmög-
lichkeiten des neuen Kartentyps, Vereinfachungs-
und Verbesserungsvorschläge sowie Ausblicke auf
die künftige technische und notwendige organisatorische Entwicklung.

168. Wallner, Helmer
Geographically Localized Data - the Key to Efficient
Community Planning. The Co-ordinate Method.
publ. by The Swedish Central Board for Real Estate
Data (als Ms. gedruckt). Stockholm, o.J.
Das schwedische Parlament hatte seinerzeit beschlossen, ein neues Kataster aufzubauen, in
dem die Lage der Grundstücke durch Koordinaten
bezeichnet wird.

Erst diese "Koordinaten-Methode" schafft in Verbindung mit der EDV die Grundlage für eine effi-
ziente räumliche Planung, erlaubt die Ausschöpfung
aller Möglichkeiten der Verwendung statistischer
Daten für numerische Planungsmethoden und beseitigt
die bisherigen Schranken in Form administrativer
Grenzen, wodurch bisher räumliche und zeitliche
Vergleiche sehr erschwert wurden.

An eine moderne Lagebezeichnung sind folgende
Bedingungen zu stellen:
1. Die Lagebezeichnung muß es ermöglichen, Koordinaten für die zu verschiedenen Zeiten und für
verschiedene Zwecke erhobenen Daten anzugeben.
2. Eine kontinuierliche Fortschreibung muß möglich
sein, um eine Rückrechnung für Planung und

Prognosezwecke zu erlauben (Zeitreihen).

3. Sie muß für die Auswahl relevanter Daten aus einer ausgewählten Fläche geeignet sein.

4. Sie muß für die automatische Datenverarbeitung geeignet sein.

5. Die Angaben müssen hinreichend genau sein.

6. Die Angaben müssen für die Durchführung statistischer Stichproben geeignet sein.

7. Die Angaben müssen die Produktion von Isarithmenkarten mit Hilfe des Computers ermöglichen.

Die Koordinatenmethode erfüllt diese Forderungen. Sie basiert auf der Zuweisung von orthogonalen Koordinaten für jedes Objekt, wobei ein einheitliches Koordinatensystem für das gesamte Land zugrundegelegt wird (ganz Schweden liegt im ersten Quadranten eines solchen Systems.

Da die Koordinatenerfassung für alle planungsrelevanten Daten, wie z.B. Bevölkerung, Wohnhäuser, Arbeitsplätze, Ferienhäuser, Produktionsfaktoren, Dienstleistungseinrichtungen, Kommunikationswege, Grundstücke, Planungsräume sehr viel Arbeit und Zeitaufwand erfordert, wurde anstelle des gewöhnlich zu wählenden Zentralpunkts des Grundstücks der nahegelegene (Zentral-)Punkt des Gebäudes verwendet.

Die für die Koordinatenerfassung erforderlichen Karten (Maßstab 1 : 2 000 und 1 : 10 000) erlauben es, die Koordinaten in dichtbebauten Gebieten mit einer Genauigkeit von 1 m und in anderen Gebieten von 10 m anzugeben.

Da in Schweden sowohl Einwohnerregister und Steuerberechnungen als auch große Zählungen der Bevölkerung, der Wohnungen, der Häuser usw. mit Angaben über die korrespondierenden Grundstücke durchgeführt werden, können auch alle diese Daten über die Grundstückskoordinaten lokalisiert werden.

169. Wallner, Helmer
      The New Land Data Bank in Sweden
      Reprint from Information Systems for Regional
      Development - A Seminar.
      Lund Studies in Geography, Ser. B, No. 37, 1971,
      S. 81 - 103

Der Artikel beschreibt den Aufbau der schwedischen
Grundstücksdatenbank, ein Projekt, das 1968 vom
Schwedischen Parlament beschlossen wurde. Das Pro-
jekt wird in drei Hauptphasen eingeteilt: 1.Aufbau
des technischen Systems, 2. Entwicklung der Daten-
bank in bezug auf den Inhalt; bestehende und
neue Anforderungen; Benutzung, 3. System- und
Programmierarbeit, Phase 1 enthält einen Unterpunkt
"Computerdarstellungen von graphischen Daten und
Kartenaufzeichnung".

Es wird u.a. über die Vorteile einer Karte im
Vergleich zu geschriebenen Tabellen berichtet
sowie die technischen Möglichkeiten der kartographischen Ausgabe dargestellt und die Benutzer-
anforderungen an ein kartographisches Ausgabe-
system präzisiert.

Ferner wird diskutiert, welcher kartographische
Inhalt für eine Karte gespeichert werden müßte, und
in welcher Beziehung diese Daten zu anderen Registern stehen sollen. Man hat sich für die Speicherung der kartographischen Informationen für
die Koordinatenmethode entschieden, die ausführlich
erläutert wird.

170. Weiden, F.L.T. v.d.
      Suggesties voor het gebruik van reken-en teken-
      automaten bij de vervaardiging van statistisch
      thematische kaarten.
      Tijdschrift voor econ. en soc.geografie -jan./febr.
      1968; S. 13-24
      (Hinweise für den Einsatz von Rechen- und Zeichen-
      automaten für die Anfertigung von statistischen
      thematischen Karten. "Zeitschrift für ökonomische
      und sozialogische Geographie", Jg. 59 (Jan./Febr.
      1968), S. 13-24)

Der Verfasser gibt einführende Hinweise für die Anwendung von Computern für die Herstellung statistisch
thematischer Karten. Er weist darauf hin, daß die
meisten automatischen Zeichengeräte auf der Grundlage des Koordinatensystems arbeiten. Dadurch wird
es möglich, die bisher unbekannten Möglichkeiten
der Analyse geographischer Modelle mit Hilfe des
Computers durchzuführen. Zusätzlich wird es möglich, regionale Zusammenfassungen durchzuführen
und die Regionen verschiedener Strukturen zu
zeichnen. Summationen dieser Art können als
Instruktionen für den Computer verwendet werden,
vorausgesetzt, das eingrenzende Schema ist als
Funktion von X und Y bekannt. Diese Funktion kann
von Kartenkoordinaten abgeleitet werden. Die
Realisierung dieser Anregung, die Daten großer
Zählungen mit XY-Koordinaten zu liefern, erfordert
eine Koordination auf höchster Ebene der zuständi-
gen Ämter im Bereich der Statistik: Katasteramt,
Vermessungsamt, Statistisches Amt.

In der Abhandlung selbst werden insbesondere die
Grundfunktionen eines Computers dargestellt,
eine allgemeine Einteilung der automatischen
Zeichengeräte in Trommelplotter und Tischplotter
vorgenommen, deren Vor- und Nachteile geschildert
sowie die Leistungen der einzelnen Geräte erläutert.

Abschließend weist der Verfasser auf zwei Anwendungsbeispiele in den Niederlanden hin. Eine mit
Hilfe des Schnelldruckers hergestellte Karte über
die Verteilung der männlichen Einwohner in der
Provinz Utrecht und eine Industriekarte im "Atlas
von den Niederlanden", die Kreise und Kreissektoren
fürdie Darstellung von Mengen beinhaltet.

171. Witt, Werner
     Planerische Utopie und geographische Realität
     Sonderdruck aus "Mitteilungen der Österreichischen
     Geographischen Gesellschaft", Band 114/I/II/1972

Witt diskutiert Wandlung und Begriff der Utopie als
Element jeder Planung, insbesondere der Raumordnung und Landesplanung. Beide erfordern als unabdingbare Voraussetzungen für eine erfolgreiche
Planung Grundlagenforschung über die Strukturen
und Funktionen des Raumes sowie die laufende Beobachtung der Raumveränderungen.

Die Bereitstellung der Ergebnisse der Struktur-
und Entwicklungsuntersuchungen, die zu Raumprogno-
sen verdichtet werden müssen, ist eine vordring-
liche A u f g a b e _d e r G e o g r a p h i e
u n d d e r t h e m a t i s c h e n K a r-
t o g r a p h i e. Hierauf sollte künftig auch die
Ausbildung in diesen Wissenschaften stärker ausgerichtet werden.
Änderungen der technischen Grundlagenbearbeitung
sind u.a. aus der Weiterentwicklung der e l e k-
t r o n i s c h e n D a t e n v e r a r b e i-
t u n g zu erwarten.

172. Witt, Werner
   Thematische Kartographie. Methoden und Probleme,
   Tendenzen und Aufgaben.
   Veröffentlichungen der Akademie für Raumforschung
   und Landesplanung. Abhandlungen, Bd. 49, Hannover, 1967.
   In dem Abschnitt"Möglichkeiten und Auswirkungen der
   Automation"weist der Verfasser auf die fast unübersehbaren neuen Möglichkeiten hin, die mit den elektronisch gesteuerten Zeichengeräten gegeben sind,
   aber auch auf die Notwendigkeit durch den Einsatz
   der technischen Möglichkeiten·zu neuen, erweiterten
   und vertieften Erkenntnissen vorzustoßen und
   durch die technischen Hilfsmittel den Wissenschaftler und Planer von zeitraubenden mechanischen Arbeiten zu befreien. Wesentlich sind nicht die
   leichtere Überführung statistischer Werte in eine

Karte, sondern vielmehr die Ausweitung und Verbesserung der Vorarbeiten, z.B. die Durchführung
von Korrelationsanalysen, von Merkmalkombinationen,
Kartenvergleichen, regionalen Wertsynthesen und
damit auch die verbesserte Abgrenzung von Räumen
gleicher oder ähnlicher Struktur. Der Verfasser
beschreibt in seinen weiteren Ausführungen kurz
die Arbeitsweise und Ergebnisse der Schnelldrucker
(Printer), Trommel- und Tischplotter.

173. Witt, Werner

Ungelöste Probleme in der thematischen Kartographie
Sonderdruck aus "Internationales Jahrbuch für
Kartographie", Bd. 12, S. 11-27

Der Verfasser weist u.a. auf die Möglichkeiten für
die Überwindung der Vergleichsschwierigkeiten in
der Kartographie hin, die durch die Einführung
regelmäßiger Raster gegeben sind.

Die sich daraus und aus der Aufnahme der Koordinaten, z.B. für Grundstücke, Häuser usw. mit Hilfe
der EDV ergebenden Entwicklungsmöglichkeiten werden
aufgezeigt und u.a. auf die Bedeutung für eine
gleichbleibende, objektive und wertneutrale Raum-
gliederung hingewiesen.

Aufgabe werde es sein, dafür zu sorgen, daß keine
inhaltlichen Substanzverluste und Verschlechterungen gegenüber dem bisherigen Stand der thematischen Kartographie eintreten.

Durch die EDV werde die mögliche Fertigung von
Typen-, Synthese- und Entwicklungskarten verbessert. Es werde z.B. möglich sein, die
automatische Kartenzeichnung auch für die Film-
kartographie nutzbar zu machen.

Bibliographie ohne Inhaltsangabe

174. Abbott, H. M.
            Digital Computer Graphics: An Anotated Bibliography
            Vol. 2, American Data Processing Inc., 19830 Mack
            Avenue, Detroit, Michigan, o.J.

175. Adams, J.
            A Population Map of West Africa
            London School of Economics and Political Science/
            Graduate Geography Department/Discussion Paper No.26,
            September 1968

176. Adler, R. K. u. Reilly, J. P. u. Schwarz, C. R.
            A Generalized System for the Evaluation and Automatic
            Plotting of Map Projections
            Canadian Surveyor, Vol 22 (5) (1968), pp. 442 - 450

177. Advanced Research Consultants
            Contour, An Automatic Contouring Program
            Advanced Research Consultant, Lakeside Office Park,
            Wakefield, Mass., April 1968

178. Alfredsson, B., Salomonsson, O. u. Selander, K.
            A Spatial Information System - A Pilot Study
            IAG Journal, Vol. 3, 1970, pp. 313 - 322

179. Alpha, T. R. und Winter, R. E.
            Quantitative Physiographic Method of Landform
            Portrayal
            "The Canadian Cartographer", Bd. 8, No. 2 (Dezember
            1971), S. 126 - 136

180. Arbellot, G.
            La cartographie statistique automatique appliquée
            à l'histoire
            S.E.V.P.E.N., 13, Rue de Four, Paris 1970

181. Automation de la Cartographie et son application aux cartes
            thématiques
            Bulletin du Comité Français de Cartographie. Paris.
            Fasc. 49, 1971

182. Balchin, W. G. V. und Coleman, A. M.
            Cartography and Computers
            "The Cartographer", Vol. 4 (1967), S. 120 - 127

183. Baskin. H. B.
            A Comprehensive Applications Methodology for
            Symbolic Computer Graphics, o.O. u.J.

184. Beaumont, M. J.
            3 D Plot, A Computer Drafting Program
            Manual, o.O. 1969

185. Beck, W.
            Die Karte der Zukunft
            "Kartographische Nachrichten", Jg. 22, H. 1,
            (Febr. 1972), S. 1 - 10

186. Bergström, L. A.
Computer Graphics in Planning 6, Present and Future.
Department of Building Function Analysis, University
of Lund, Sweden, 1971

187. Bergström, Lennart Axel; Hertz, Hellmuth; Jern, Mikael; Smeds,Boris
Computer Graphics in Planning 7. Hard Copy Coloar
Display System Using Ink Jets
Lund Institute of Technology, University of Lund,
Sweden. Departments of Building Funktion Analysis
and Elektrical Measurements and Lund University
Computing Center. Report no 1, 1972

188. Bergström L. A., Åberg, G.
Metoder för användningsstudier med koordinatsatta
data. (Methoden für Anwendungsstudien mit koordinatengebundenen Daten)
Department of Bilding Function Analysis, University
of Lund, Sweden 1971

189. Bergström, L. A. und Wissler, B.
Computer Graphics in Planning 8. Applications in
Environment Protection. Department of Building
Function Analysis, University of Lund, Sweden 1972

190. Bertin, J.
Cartographie statistique automatique. Communication
présentée du Commission III — Automation de la
cartographie — de la A.C.I., Amsterdam 1967

191. Bertin, Jaques, Klove, R.
Cartographie statistique automatique
Statistical cartography at the U.S. Bureau of the
Census. Vorträge der 3. Intern. Kartogr. Konferenz
in Amsterdam, 1967

192. Bibliographie Cartographique Internationale, Bd. I, 1946/47.
Paris 1949 — Bd. 21 (1968). Paris 1970

193. Bibliographie de Cartographie Ecclésiastique.
I. Allemagne — Autriche. — Leiden 1968

194. Bibliographie Internationale Pour L'Enseignement de la Cartographie. International bibliography for education
in cartography. — Paris:Commité Français de
Cartographie 1970

195. Bibliography of Maps Showing Distribution of Population by
Dotting Method. — Budapest: National Office of
Lands and Mapping of the Hungarian People's
Republic, 1971

196. Bickmore, D. P.
Cartographic Data Bank, Bericht über die ECU
(Experimental Cartographic Unit), School of Graphic
Design of the Royal College of Art. London, 1972

197.   Bickmore, D. P.
          Maps for the Computer Age
          "The Geographical Magazine", Vol. 41 (Dez. 1968),
          No. 3, S. 221 - 227

198.   Bickmore, D. P.
          Recent advances in Automatic Cartography
          "WLUS-Occ." Paper Nr. 9, Ebbingford, Bude 1970

199.   Bickmore, D. P.
          The Oxford Cartographic Data Bank
          Great Britain, Ministry of Overseas Development,
          Conference of Commonwealth Survey Officers, England,
          Report of Proceedings, London HMSO, 1968, pp. 565-573

200.   Bickmore, David und Boyle A. R.
          Eine vollautomatische, elektronisch gesteuerte
          Gerätegruppe für kartographische Zwecke
          "Internationales Jahrbuch für Kartographie",
          Gütersloh, Jg. 5, (1965), S. 24 - 29

201.   Biomedical Computerprograms, Health Sciences Computer Facility,
          University of California, Los Angeles, 1972

202.   Boesch, H. u. Kishimoto, H.
          Accuracy of Cartometric Data
          Geograph.   Institut der Universität Zürich, 1966,
          Contract No. DA-91-59-1-FUC-3262. Final Technical
          Report (1. October 1964 - 30. September 1966)

203.   Bouknight, W. J.
          A Procedure for Generation of Three-dimensional
          Half-toned Computer Graphics Presentations
          "Communications of the ACM", Bd. 13, No. 9 (Sept.
          1970), S. 527 - 536

204.   Bouknight, J. u. Kelley, K.
          An Algorithm for Producing Half-tone Computer
          Graphics Presentations with Shadows and Movable
          Light Sources
          Spring Joint Computer Conference, Afips, Vol. 36,
          1970, pp. 1 - 10

205.   Boyle, A. R.
          Automatic Cartography. Special Problems of
          Hydrographic Charting.
          Int. Hydrogr. Rev. Vol. 48 (1971), No. 2, S. 85 - 92

206.   Brooks, W. D. und Pinzke, K. G.
          A Computer Program for Three-dimensional Presentation
          of Geographic Data
          "The Canadian Cartographer", Bd. 8, Nr. 2 (Dezember
          1971), S. 110 - 125

207. Brown, L. A., Moore, E. G., Moultrie, W.
Trans Map: A Program for Planar Transformation of
Point Distributions. Discussion Paper No. 3,
Department of Geography, Ohio State University, 1967

208. Buckley, B. A. Jr.
Computerized Isodensity Mapping
"Photogrammetric Engineering", Vol. XXXVII, Nr. 10
(1971)

209. Canada Land Inventory
Guidelines for Bio-physical Land Classification,
for Classification of Forest Lands and Associated
Wildlands
Compiled by: D.S. Lacate, Chairman, Subcommittee
on Bio-physical Land Classification, Oct. 1969

210. Canada Land Inventory
Guidelines for Mapping, Land Capability for Forestry,
1970

211. Canada Land Inventory
Land Capability Classification for Forestry
Report No. 4 - 1967. Second Edition - 1970, Prepared
for the Canada Land Inventory by R. J. McCormach,
Department of Regional Economic Expansion

212. Canada Land Inventory
Land Capability Classification for Wildlife
Report No. 7 - 1969. Department of Regional Economic
Expansion, Canada

213. Cartwright, Robert S.
CALFORM User's Manual, Cambridge, Laboratory for
Computer Graphics. 1970

214. Castle, Dorothy
The Computer and the Cartographer
"Bulletin of the Society of University Cartographers"
Winter, 1971

215. Census Tract Papers des Bureau of the Census, Series GE-40
Nr. 5, Papers Presented at the Conference on
Small-Areas Statistics, August 23, 1968

216. Černys, N. M.
Die Auswahl der Tiefenwerte für Seekarten mit Hilfe
einer elektronischen Rechenmaschine
"Geod. i Kartografija" (1968), No. 12, S. 51 - 53

217, Chamard, R.
An Automated Digital Cartographic System
Proceed., Amer. Congr. of Surveying and Mapping,
32nd Annual Meeting, Washington, D.C., 1972, pp 211-
217

218. Christensen, P. and Madden, M.
    Quantitative Mapping - A Bibliography
    Laboratory for Computer Graphics and Spatial
    Analysis, Harvard University, April 1968

219. Cobb, Michael
    Changing Map Scales by Automation
    "The Geographical Magazine", Vol. XLIII, No. 11 (1971)

220. A Conference on Thematic Cartography (Moscow, 2. - 4.2.1971)
    "Izvestiya Akademii Nauk SSSR, seriya geografiches-
    kaya", 1971, No. 3, S. 121
    In: Soviet Geography, Review and Translation,
    Jan. 1972, S. 72 ff

221. A Conference on Thematic Cartography (Moscow, Januar 1972)
    "Izvestiya Vsesoyuznogo Geograficheskoyo Obshchestva",
    Nr. 4 (1972), S. 249
    In: Soviet Geography, Review and Translation,
    Dezember 1972, S. 718

222. Connelly, D. S.
    File Design in Automated Cartography
    Proceed., Amer. Congr. of Surveying and Mapping,
    32nd Annual Meeting, Washington D. C. 1972, pp.218-226

223. Coppock, J. T.
    The Canada Land Inventory I and II
    Grid Squares for Planning: Possibilities and
    Prospects
    Regional Studies Assocn Ann. Conf. Oct 1967

224. Cross, J. B. u. Cade, J. M.
    Automated Map Information Comes of Age
    American Congress on Surveying and Mapping, 31st
    Annual Meeting, Washington, D. C., 1971, pp. 394 - 402

225. DBS-SSRS-GSSS
    MAPPAK, An Automated Data Mapping System Users Manual,
    Version 1, Ottawa, 1970

226. Degani, Avi
    Automatic Isoline Mapping Using Computer Plotter
    and Isodensitracer Techniques, M. A. Thesis,
    University of Minnesota, Minneapolis, 1970

227. Degani, Avi
    Some Computer and Isodensitracer Applications in
    Geography
    "Journal of the Minnesota Academy of Science",
    Vol. 36, (1969 - 1970) Nos 2 and 3, pp. 104 - 109

228. Degani, Avi
    Toward an Automatic Atlas of Population
    PHD-Dissertation, University of Minnesota, 1971

229. Diello, Joseph
Experimental Cartography at the Rome Air Development
Center. 1972

230. Dieterlen, D. und Joseph, B.
La Cartographie automatique
"Automatisme", Nr. 2, (Febr. 1966), S. 3 - 7

231. Eckhart, D.
Automatic Drawing Tables
"ITC publication A 47" (1969) S. 178 - 183

232. Ehrich, F. W.
Untersuchung über die Höheninterpolation mit Hilfe
starrer Gleichungen in "Digitalen Geländemodellen"
"Vermessungstechnische Rundschau", 34. Jg. (Oktober
1972), H. 10, S. 383 - 388

233. Farnsworth, G. L.
A Geographic Base File for Urban Statistical Analysis.
Census Tract Papers Series GE-40, No. 5, Presented
at the Conf. on Small Area Statistics, Am. Stat.
Assoc., Pittsburgh, 1968

234. Fisher, H. T. et al.
Reference Manual for Synagraphic Computer Mapping
(SYMAP) Version VI, Cambridge, Laboratory for
Computer Graphics, 1970

235. Found, W. C.
The Electronic Map-Coordinate Digitizer
"The Canadian Cartographer", Bd. 7 (1970), S. 131-136

236. Gächter, E.
Die Automation in der Kartographie
"K + F - Kreis", Jg. 10, Nr. 21, (Dez. 1969)

237. Gächter, M. Th.
L'automatisation: Une ère nouvelle pour la carto-
graphie
"Bulletin de l'Association de Géographes français",
Nr. 379 - 380 (März/April 1970)

238. Gaits, G. M.
A Coordinate Referencing System for Land Use
Planning, Paper 1.
General Concepts. Urban Planning Directorate,
M.H.L.G., o.O. u.J.

239. Gaits, G. M.
Mapping by Computer - LINMAP
"Cartographic Journal", Vol. 5, No. 2 (1969),
p. 50 - 68

240. Gaits, G. M., Stubbs, G. M. u. Woodford, S. P.
          A Coordinate Reference System for Planners
          Grid Squares for Planning: Possibilities and
          Prospects
          Regional Studies Association 3rd Ann. Conf. 1967

241. Gambin, M. Th.
          L'automatisation: Une ère nouvelle pour la carto-
          graphie
          "Bulletin de l'Association de Géographers français",
          No. 379 - 380 (Mars/Avril 1970)

242. Gokhman, V. M., Mekler, M. M.
          Information Theory and Thematic Mapping
          "Voprosy Geografii" (Theoretical Geography),
          No. 88 (1971), S. 172
          In: Soviet Geography, Review and Translation,
          Juni 1972, S. 415

243. Goldstein, H.
          Computer Mapping User Study with an Emphasis on
          Planning, Cleveland, Urban Studies Center,
          Batelle Memorial Institute, 1969

244. Goldstein, H., Werts and Sweet
          Computer Mapping: A Tool for Urban Planners,
          Columbus, Batelle Memorial Institute, 1969

245. Haefner, H.
          Remote Sensing und Kartographie
          "Geogr. Helv. " Jg. 26, Nr. 2 (1971), S. 49 - 52

246. Hägerstrand, Torsten
          Some Notes on Geographic Data Banks and the Use of
          Computers in Research
          Grid Squares for Planning: Possibilities and
          Prospects, Regional Studies Assocn. 3rd Ann.
          Conf. 1967

247. Hägerstrand, Torsten und Öberg, S.
          Befolkningsfördelningen och dess förändringar. En
          geografisk samhälsanalys. (Die Bevölkerungsvertei-
          lung und deren Veränderungen. Eine geographische
          Gesellschaftsanalyse)
          "Statens offentliga utredningar - Inriketsdeparte-
          mentet", H. 14 (1970), S. 1:3 - 1:55

248. Harris, L. J.
          Reference Systems for Topographical and Large
          Scale Surveys and Mapping in the Era of Automation
          (in Canada)
          (Paper Presented at the Canadian Institute of
          Surveyors Conference, Edmonton, 1968)

249. Hazlewood, L.K.
        Semantic Capabilities of Thematic Maps
        "Cartography", Vol. 7 (1970), pp. 69 - 75 u. 87

250. Harvard University News Release,
        Computer Map-Making (ohne Verf.), February 23, 1966
        "Bull. of spec. Libr. Assoc.", Nr. 64 (1966), S.12-15

251. Harvard University
        Reference Manual for Synagraphic Computer Mapping
        "SYMAP", Version 5, 2nd draft. Laboratory for
        Computer Graphics and Spatial Analysis, Cambridge,
        Mass. o.J.

252. Harvard University
        SYMAP V Operator's Manual, 2nd Draft. Laboratory
        for Computer Graphics and Spatial Analysis, Cambridge,
        Mass., O.J.

253. Hertz, C. H., Mansson, Å.
        Electric Control of Fluid Jets and its Application
        to Recording Devices, "Rev. Scient, Instr.", Vol.43
        (1972), S. 413 ff.

254. Hertz, C. H., Simonsson, S. I.
        Intensity Modulation of Ink-jet Oscillographs
        Med. and Biol. Engno, Vol, 7, (1969), S. 337 ff.

255. Hertz, C. H., Månsson, Å., Simonsson, S. I.
        A Method for the Intensity Modulation of a Recording
        Ink jet and its Apllications.
        Acta Univ. Lundensis Sec. II, 15, 1967

256. Hill, F.

        Spatio-Temporal Trends in Population Density:
        Toronto 1 1932 - 1966
        Research Paper No. 34, Centre for Urban and Community
        Studies, University of Toronto, July 1970

257. Hoffmann, Frank
        Automation in der thematischen Kartographie. Der
        praktische Einsatz von Computern und programmgesteu-
        erten Zeichenautomaten beim Entwurf thematischer
        Karten
        "Wissensch. Z. d. Techn. Univ. Dresden", Jg. 19
        (1970), H. 3, S. 793 - 797

258. Hoinkes, Ch.
        Bericht über einen Studienaufenthalt an der
        Experimental Cartography Unit (ECU), Royal College
        of Art, März/April 1971 Manuskript, (Juli 1971)

259. Hoinkes, Ch.
        Bericht über einen Studienaufenthalt in England
        zur Untersuchung von Problemen der kartographischen
        Automation, 23.3.-28.4.72
        Manuskript, Kartograph. Institut ETH Zürich (Juli 1972)

260. ICA, ICA Report on Automation in Cartography,
        "Surveying and Mapping", Vol. 31, No. 4 (1971),
        S. 595 - 602

261. Instant Maps by our Special Correspondent Reprinted from Nature,
        Bd. 214 (1967), No. 5085, S. 230 - 231

262. Jarvis, C. L.
        A Method for Fitting Polygons to Figure Boundary Data
        "The Australian Computer Journal", Vol. 3 (1971),
        pp. 50 - 54

263. Jenks, G. F. and Crawford, P. W.
        A Three-dimensional Bathyrographic Map of Canton
        Island
        "Geogr. Review", Vol. LX, Nr. 1 (Jan. 1970),
        S. 69 - 87

264. Jenks, G. F.; Steinke, T.; Buchert, B. und Armstrong, L.
        Illustrating the Concepts of the Contour Symbol,
        Interval, and Spacing in 3-D Maps
        "Journal of Geography", Vol. 70, No. 5 (1971),
        S. 280 - 288

265. Jern, M.
        Programvara för färgbildskrivare (Programme für
        den Farbbildschreiber) Lunds datacentral, 1972

266. Joyce, J. and Cianciolo, M.
        "Reactive Displays: Improving Man-Machine Graphical
        Communication" Proc. AFIPS Conf. 1967 - FJCC, pp.713-
        721

267. Jones, R. L.
        A Generalized Digital Contouring Program, NASA
        Langley Research Center, Hampton, Virginia, Report
        No. NASA TN D-6022 1971

268. Junius, H.
        Herstellung thematischer Karten mit einer numerisch
        gesteuerten Zeichenanlage
        "Kartographische Nachrichten", Jg. 3 (1953), Nr. 73,
        S. 104 - 107

269. Kelner, G., Nikiskov, M. I., Yevteyev, O. A.
        Some Tasks of Thematic Cartography
        "Izvestiya Vsesoyuznogo Geograficheskoyo Obshchestva",
        Nr. 4 (1972), S. 249- In: Soviet Geography, Review
        and Translation, Dezember 1972, S. 717

270. Kern, R.
       MAPIT: Map Drawing on the Calcomp Plotter,
       Technical Report 87, Computer Institute for
       Social Science Research, Michigan State Univer-
       sity, 1969

271. Kidwell, Richard D.
       Electronic Scanning for Color Separation of
       Thematic Maps
       "American Congress on Surveying and Mapping".
       Papers from the 31st annual meeting 1971.
       Washington 1971. S. 679 - 689

272. Kilchenmann, André u. Mörgeli, Werner
       Typisierung der Gemeinden im Kanton Zürich mit
       multivariaten statistischen Methoden auf Grund
       ihrer wirtschaftsgeographischen Struktur
       "Vierteljahresschrift der Naturforschenden
       Gesellschaft in Zürich", 115/3 (1970), S. 369 - 394

273. King Leslie, J.
       Statistical Analysis in Geography
       "Prentice-Hall Inc"., Englewood Cliffs, New Jersey
       1969

274. Klammer, P. in Grewing, C. A. ed.
       General Guide for Using Computer Facilities
       The University of Kansas Computation Center,
       Lawrence, Kansas, 1972

275. Koeman, C., v. d. Weiden. F.
       Toepassing van reken - en tekenautomaat bij
       structurele generalisatie (Anpassung von Rechen-
       und Zeichenautomaten bei der strukturellen
       Generalisierung)
       "Tijdschrift Kadaster en Landmeetkunde 85"(1969)
       pp. 325 - 339

276. Kranendonk, A.
       De Computer als kartograaf
       "Geodesia", Vol. 12 (1970), pp. 351 - 353

277. Leyland, G. P.
       Computer Mapping, Here and Now
       Census Tract Papers Series GE-40 No. 5. Presented
       at the Conf. on Small Area Statistics. Am Stat.
       Assoc. Pittsburgh, 1968

278. Loomis, R. G. and Lorenzo, J. J.
       Experiments in Mapping with a Geo Space Plotter,
       New York, Urban and Regional Information Systems
       for Social Programs, 1967, p. 219 - 233

279.   Machover, G.
                CRT Graphic Terminals
                "The Australian Computer Journal", Vol. 2 (1970)
                pp. 117 - 135

280.   Makarovic, B.
                Time Considerations for Digital Plotters
                "Photogr. Engineering" Vol. 36 (1970), pp. 1187-1197

281.   Månsson, Å.
                Electric Control of Fluid Jets, - Theory and
                Application to Image Generation. Department of
                Electrical Measurements
                Lund Institute of Technology, Sweden, 1972

282.   Marble, D. F.
                Some Computer Programs for Geographic Research
                Dempartment of Geography, Northwestern University,
                Evanston, 1967

283.   Marsik, Z.
                Automatic relief shading
                "Photogrammetria", Jg. 27 (1971), No. 2

284.   Milly, S. M.
                PLOTR: A Two-Dimensional Contouring and Area-
                Calculating Routine, Sandia Laboratories,
                Albuquerque, New Mexico,
                Research Report SC-RR-69-685, 1960, 41

285.   Mörgeli, Werner Eduard
                Versuch einer Grenzziehung zwischen Jura, Mittel-
                land und Alpen durch objektive Ermittlung
                Diplomarbeit, Geogr. Inst. der Universität Zürich,
                1968

286.   Monmonier, M. S.
                Computer Mapping with the Digital Increment Plotter
                "Prof. Geogr.", No. 3 (1968)

287.   Muehrcke, P.
                Research in Thematic Cartography
                Draft, 1970, Will Appear in Similar Form as Resource
                Paper 19, College Geography Commission, AAG, 1972

288.   Muehrcke, P.
                Thematic Cartography
                "Ass. of Am. Geographers", Commission on College
                Geography, Resource Paper No. 19, Washington D.C.,
                1972

289.   Murray, F. W.
                A Method of Objective Contour Construction, Rand
                Corporation Memorandum RM-5564-NRL, Office of
                Naval Research, Contract No. N00014-67-C-0101, 1968,
                32

290.   Naumann, Ulrich
       Kartierungsbeispiel: Ergebnisse der Gebäude und
       Wohnungszählung 1968
       in: Darstellung von Planungsinformationen durch die
       Komputerkarte. Beispiel: Daten der Gebäude- und
       Wohnungszählung 1968 (Forschungsprojekt Kommunale
       Planung, Arbeitsgruppe Stadtplanung. Zwei Vorträge,
       gehalten während der Sitzung am 29.6.1971 in Köln),
       o.O.u.J.

291.   Newton, R.
       Deriving Contour Maps from Geologic Data
       "Canadian Journal of Earth Sciences", Vol. 5 (1968),
       S. 165 - 166

292.   Nordbeck, Stig
       Isarithmen und Isarithmenkarten
       Sonderdruck aus den Geographischen Notizen, Nr. 1
       (1967)

293.   Nordbeck, Stig and Rystedt, Bengt
       Population Maps and Computerized Map Production
       "La Revue de Géographie de Montréal", Vol. 26
       (1972), No. 1

294.   Olliver, J. G.
       Automated Cartography
       "Survey Review", Vol. 19 (1967), S. 139 - 141

295.   Olson, J.
       Quantitative Mapping: Some Theoretical Consideratons
       American Congress on Surveying and Mapping, 31st
       Annual Meeting, Wash., 1971, 1 - 8

296.   Ovington, J. J.
       Automation and Map Production in Australia
       "Cartographic Journal", Vol. 6, (1968), No. 4,
       pp. 184 - 187

297.   Palmer, J. A. B.
       An Economical Method of Plotting Contours
       "Australian Computer Journal", Vol. 2 (1970),
       Nr. 1, S. 27 - 31

298.   Palmer, J. A. B.
       Automated Mapping: Proc. Fourth Computer Conference,
       Adelaide, South Australia, 1969, p. 463 - 466

299.   Parrinello, J.
       Computer Programs and Subroutines for Automated
       Cartography
       Inform. Rep. US nav. oceanogr. Off. No. 69 - 23,
       1969

300.   Peucker, T.
                Some Thoughts on Optimal Mapping and Coding of
                Surfaces. Paper delivered at the CAG Meeting,
                St. Johns, Newfoundland, August 1969

301.   Pfaltz, J. L. und Milgram, D. L.
                An Experimental Map Description System
                Technical Report 70 - 130 GJ 754 Computer Science
                Center, University of Maryland, College Park,
                Md. 1970

302.   Phillips, A.
                Computer Peripherals and Typesetting. London H.M.S.O.
                1968

303.   PTRC (1968), Proceeds of PTRC Seminar June 1967: Computer
                Graphics

304.   Rase, W.-D.
                Elektronische Datenverarbeitung in der Geographie
                "elektronische datenverarbeitung", vol. 8 (1970),
                S. 343 - 350

305.   Reetz, G. G.
                Darstellung der Bevölkerungsdichte für den Atlas
                DDR
                Diplomarbeit, TU Dresden, 1968

306.   Rens, F.
                A FORTRAN Program for Coordinate Mapping
                Res.Report No 7., Geography Dept., Northwestern
                University, Illinois. Computer Mapping

307.   Rens, F.
                SYMVU: Year Book, Harvard University Laboratory
                for Computer Graphics, Cambridge, Massachusetts,
                (1967), 10

308.   Rentmeester, F., Toki, Patricia Ann, Broduax, Edwin P.
                An Automated Information System
                AMC on Surveying and Mapping. Washington, March
                1968, S. 238 - 243

309.   Rhodes, T.
                User Operating Instructions for the LINMAP 1
                Computer Mapping System. Technical Manual No. 1,
                Urban Planning Directorate, M.H.L.G., 1968
                (Out of Print)

310.   Ribet, M.
                A Contribution Towards the Gradual Automation
                of Nautical Cartography.
                "Int. hydrogr. Bull".No.11 (1971), S. 376 - 381

311. Robinson, Arthur H., Sale, Randall D.
              Elements of Cartography
              Third Edition, New York, London, Sydney, Toronto 1969

312. Rohlf, F. J.
              GRAFPAC, Graphic Output Subroutines for the GE 635
              Computer,
              "Kansas Geological Survey, Computer Contribution",
              Vol. 36 (1969), S. 50

313. Rosing, K. E
              Computer Graphics, Area n
              (Institute of British Geographers), No. 1, 1969

314. Salichtchev, Konstantin A.
              Cartography at the _nternational eetings in London
              and Edinburgh, and the roblem of utomatization
              (Kartografija na mezdunarodnych vstrecach v Londone
              i Edinburgh i problema automatizacii)
              "Vestnik Moskovskogo Universiteta. Moskva", S. 20-30

315. Salichtchev, Konstantin A., Rabzen, S. G.
              Ergebnisse der Wissenschaft und Technik
              Kartographie. Bd. 5, Moskau, 1972

316. Salichtchev, Konstantin A.
              International Co-operation in Complex and Thematic
              Cartography
              (Koordinacija rabot po sozdaniju atlasov prirodnych
              uslovij i estestvennych resursov ètkonomicestkcich
              rajonov SSSR) S. 103 - 106

317. Salichtchev, Konstantin A.
              Kartographie. 2. überarbeitete und erweiterte Aus-
              gabe. - Moskau 1971

318. Salichtchev, Konstantin, A.
              Über die Automation in der Kartographie (russisch).
              Geodezija i Kartografija, 1965, H. 5, S. 9 - 16

319. Schell, E.
              SYMAP, a Computer Mapping Technique. Proc. of the
              2nd International Meeting. Commission on Applied
              Geography (CAG2). The University of Rhode Island,
              1967

320. Schellingerhout, N. W.
              Automatisch tekenen (Automatisches Zeichnen)
              "Kantoor en Efficiency", Vol. 8 (1969) pp. 755 - 757

321. Schmidt, A. H.
              Computer Graphics and Urban Information Systems
              Laboratory for Computer Graphics and Spatial
              Analysis, Harvard University, July 1968

322.   Schmidt, W. E.
        Automation in Thematic Cartography
        Amer. Congr. of Surveying and Mapping, Ann. Meeting,
        Wash., D.C., 1969

323.   Schmidt, Warren E.
        Automation in Thematic Cartography
        Amer. Congr. Surveying Mapping. Papers 30. Ann.
        Meeting. Washington, 1970, S. 217 - 228

324.   Scripter, M. W.
        Nested- Means Map Classes for Statistical Maps
        "Annals", Assoc. Am. Geographers, 60, 1970, pp. 385-
        393

325.   Shahar, A.
        Mapping of Jerusalem by Computer
        "Computers and Automation", Vol. 19/5 (May 1970)
        pp. 26 - 28

326.   Shepard, Donald
        A Twodimensional Interpolation Function for
        Irregularly Spaced Data, Proceedings of the 1968 ACM
        (Association for Computing Machinery) National
        Conference, pp. 517 - 523

327.   Shepard, D. S.
        SYMAP Interpolation Characteristics
        Computer Mapping as an Aid in Air Pollution Studies,
        Vol. 2, Individual Reports, Report L
        Laboratory for Computer Graphics and Spatial Analysis,
        Graduate School of Design, Harvard University,
        Cambridge, Massachusetts, April 1970

328.   Sherman, John C.
        New Horizons in Cartography: Functions, Automation,
        and Presentation
        "International Yearbook of Cartography", Vol. 1
        (1961), S. 12 - 17

329,   Smeds, B.
        Bläckstråleskrivare. (Blauschreiber)
        Elteknik 13 No 5 - 6, 1970

330.   Smeds, B.
        3-Color Hard Copy Display Using Electrically Modulated
        Ink Jets. Department of Electrical Measurements
        (to be published 1972)

331.   Sochava, V. B.
        Meeting of the Commission of Thematic Maps of the
        International Cartographic Association (Budapest,
        August 1971)
        "Doklady Instituta Geografii Sibirii" Dal'nego
        Vostoka (Irkutsk) Nr. 32 (1971), S. 62
        In Soviet Geography, Review and Translation,
        Dezember 1972, S. 722

332.   Soviet Conference on Automation of Map-making (Moscow,
            November 1971)
            "Vestnik Leningradskojo Universiteta", Nr. 12 (1972)
            - (Geologiya - Geografiya, 1972, Nr. 2)
            Soviet Geography, Review and Translation, Dezember
            1972, S. 719

333.   Spiess, E.
            Wirksame Basiskarten für thematische Karten
            "Internationales Jahrbuch für Kartographie",
            Jg. XI. (1971), S. 224 - 237

334.   Staack, Gunnar
            Kartierung statistischer Daten - Verfahren und
            Vorteile,
            in: Darstellung von Planungsinformationen durch
            die Komputerkarte. Beispiel: Daten der Gebäude-
            und Wohnungszählung 1968 (Forschungsprojekt Kommu-
            nale Planung, Arbeitsgruppe Stadtplanung. Zwei
            Vorträge, gehalten während der Sitzung am 29.06.71
            in Köln), o.O.u.J.

335.   Staack, G.
            Koordinatennetz als Bezugssystem für regionale Daten
            "Bauwelt" (1966), S. 726 - 729, 746

336.   Steiner, D. u. Matt, O. F.
            GEOMAP: Computer Program for the Production of
            Shaded Choropleth and Isarithmic Maps on a Line
            Printer. User's Manual. 51 pp.
            Dapartment of Geography, University of Waterloo,
            Waterloo, Ont. 1972

337.   Steinitz, C.
            Computer Mapping and the Regional Landscape.
            Harvard Graduate School of Design, Laboratory for
            Computer Graphics (o.J.).

338.   Stine, Gordon E.
            Les systèmes d'automatisation employées en
            cartographie, leur evolution - les projets d'avenir
            Bull. Com. Franc. Cartogr. No. 33, (1967), S. 239 -
            247

339.   Stine, Gordon E.
            What Systems of Automation are Available Today,
            what is in the Development Stage, and what is being
            Planned for the Future. Paper Presented at the Third
            International Conference on Cartography, Amsterdam,
            April 1967

340.   Stoessel, O. C.
            Standard Printing Screen System
            Proceedings, 1972 Fall Convention
            Am. Congress on Surveying and Mapping, Columbus,
            Ohio, 1972, pp. 111-149

341.   Suchov, V. J.
                Problemy avtomatizacii.......(Probleme der Auto-
                mation und Mechanisierung in der Kartographie
                (russisch))
                Doclady Naučuo-techn.Konferencii po kartografii,
                1964. Leningrad, 1965, S. 70 - 79

342.   Swanson, R. A.
                The Land Use and Natural Resource Inventory of
                New York State
                New York State Office of Planning Coordination,
                488 Broadway, Albany, New York 12207, June 1969

343.   Tarrant, J. R. (ed.)
                Computers in Geography. Geo Abstracts, School of
                Environmental Sciences, University of East Anglia,
                Norwich, England, 1970

344.   Taylor, D. R. R.
                A Computer Atlas of Kenya, Carleton University,
                Department of Geography, Ottawa, 1971

345.   Taylor, D. R. F.; Douglas, D. H.
                A Computer Atlas of Ottawa Hull
                Department of Geography, Charleton University
                Ottowa, II. ed., (Sept. 1970)

346.   The Automatical Statistical Cartography. Cartographie Auto-
                matique. SERTI 17, rue Monsigny, Paris 2e - 742.35.20.

347.   Thomas, A. L.
                OBLIX: Year Book
                Harvard University Laboratory for Computer Graphics,
                Cambridge, Massachusetts, (1969), 3

348.   Thompson, Morris M.
                Automation in Cartography. Report of Commission II.
                "Internationales Jahrbuch für Kartographie".
                Bd. 11 (1971), S. 51 - 59

349.   Thümmler, B.
                Untersuchung zur automatischen Herstellung von
                Bodennutzungskartogrammen.
                Diplomarbeit, Sektion Geodäsie und Kartographie der
                TU Dresden 1970

350.   Tobler, W. R.
                Automation and Cartography
                "Geogr. Review", Vol. XLIX (Oct. 1959), No. 4,
                S. 526 - 534

351.   Tobler, W. R.
                CHOROS: A Computer Program to Apply Linear Neigh-
                borhood Operators to Choropleth Maps, Ann Arbor,
                April, 1972

352. Tobler, W. R.
        Numerical Map Generalization. Michigan Inter-
        University Community of Mathematical Geographers.
        Discussion Papers, No. 8, 25 pp. Department of
        Geography
        University of Michigan, Ann Arbor 1966

353. Tobler, W. R.
        Numerical Map Generalization
        Michigan Inter-University Community of Mathematical
        Geographers. Discussion Papers, No. 11, Ann Arbor,
        University of Microfilms No. OP-33067, 1966

354. Tobler, W. R.
        Selected Computer Programs
        Department of Geography
        University of Michigan, Ann Arbor, 1970

355. University of Edinburgh, Department of Geography
        CAMAP - A Computer Mapping System, o.O. u.J.

356. Vasmut, A. S.
        Kitogam Vsesojuznoj konferencii.....(Über die Er-
        gebnisse der Allunicus-Konferenz über Fragen der
        Automation und Mechanisierung in der Kartographie
        am 27. - 30.1.67)
        "Geodezija i Kartografija", (1967), H. 4, S. 68 - 70

357. Voisin, Russell L.
        Automation in Private Cartography
        "Surveying and Mapping", Vol. 28 (1968), S. 77 - 81

358. Walters, R. F.
        Contouring by Machine: A User's Guide
        "Bulletin, The American Association of Petroleum
        Geologists", Vol. 53 (November 1969), S. 2324-2340

359. v. d. Weiden, F.
        Toepassing van reken- en tekenautomaten bij
        kaartvervaardiging (Die Verwendung von Rechen- und
        Zeichenautomaten bei der Kartenanfertigung)
        "Geodesia" Vol. 11 (1969), pp. 5 - 11

360. Whitehead, F. E.
        Statistics for Grid Squares - Plans for the 1971
        Census (NK)
        Grid Squares for Planning: Possibilities and
        Prospects. Regional Studies Association Ann.Conf.1967

361. Williams, N. L. G.
        The Oxford System of Automatic Cartography
        "Cartography", Vol. 6 (1966), S. 17 - 20

362. Wray, W. B. Jr.
        FORTRAN IV CDC 6400 Computer Program for Construc-
        ting Isometric Diagrams
        Kansas Geological Survey Computer Contribution,
        Vol. 44 (1970), 58

363. Zur automatisierten Darstellung quantitativer Informationen in
        thematischen Karten
        "Vermessungstechnik", Jg. 18 (1970), S. 206-210

Randgebiete
===========

1. Bertinchamp, Horst-Peter

>   Automationsgerechte kartographische Zeichen
>   "Nachrichten aus dem Karten- und Vermessungswesen",
>   Reihe I: Deutsche Beiträge und Informationen, H.47
>   (April 1970), S. 7 - 14
>
>   Der Verfasser stellt im Zusammenhang mit der Auto-
>   mation in der Kartographie die Frage "Wie könnte ein
>   Zeichenschlüssel aussehen, der frei von Bindungen
>   an herkömmliche Muster entworfen werden kann?" und
>   beantwortet sie wie folgt:
>
>   1) Die Signaturen müssen ohne umfangreiche Nacharbeit
>   gravierbar sein. (Also keine gerissenen Linien oder
>   Punkt-Strich-Folgen, keine an- oder abschwellenden
>   Linien).
>
>   2) Die Einzelsignaturen müssen aus einfachen geome-
>   trischen Grundgebilden kombinierbar sein und mög-
>   lichst eine einheitliche Strichbreite aufweisen.
>
>   3) Die Dimensionen der Zeichen sollen wegen der Gene-
>   ralisierung der Folgemaßstäbe möglichst geringe
>   Verdrängungen bewirken und über einen möglichst
>   großen Maßstabsbereich die Anwendung des Wurzel-
>   gesetzes erlauben.
>
>   4) Flächenhafte Erscheinungen sollen möglichst durch
>   Farbflächen oder Struktur-Raster dargestellt wer-
>   den, um das zeitraubende Plazieren von Flächen-
>   füllungszeichen zu ersparen.
>
>   5) Bei den Siedlungen könnte der Grad der Bebauung
>   ebenfalls durch Struktur-Raster oder Flächentöne
>   angedeutet werden, da die Einzelhausdarstellung
>   sicher nur mit hohem Aufwand automatisierbar ist.
>
>   6) Bei den Verkehrsanlagen könnte ebenfalls auf zu
>   detaillierte Darstellungen verzichtet werden. Bei
>   den Schienenbahnen müßte die Darstellung der freien
>   Strecke genügen, Bahnhofsanlagen wären als Flächen-
>   ton anzudeuten. Das Straßen- und Wegenetz könnte
>   auf 3 Straßen- und 3 Wegeklassen beschränkt werden,

die Mündungs- und Kreuzungsstellen wären signatur-
mäßig zu schematisieren.

7) Die Geländeformen einschließlich der künstlichen
Böschungen wären _einer_ Farbplatte vorzubehalten.
Dabei wäre bei der Böschungsdarstellung entlang
Verkehrswegen starke Zurückhaltung zu üben (siehe
Schweiz).

8) Bei der Vegetationsdarstellung durch Farbflächen
oder Struktur-Raster könnte u.U. auf die Waldarten-
unterscheidung verzichtet werden.

2. Brassel, Kurt
Land Use Surveys by Sampling Methods.
"World Land Use Survey Occasional Paper", (1971),
10, 16 S

In der vorliegenden Arbeit wird eine neue Methode
für die Aufzeichnung von Landnutzungsdaten vorgeschlagen und diskutiert.

Informationen kann man durch Stichproben aus Luftbildern, Karten oder Feldaufnahmen erhalten, die
durch entsprechende Speicherung für weitere Verarbeitung verfügbar gemacht werden können. Weil Stichproben im Gegensatz zur Erfassung der umfassenden
Grundgesamtheit beständig Ungenauigkeiten beinhalten,
sind diese nur gerechtfertigt, falls der Zeitaufwand
durch diese Methode reduziert werden kann. In diesem
Beitrag wird die Größe des Fehlers, die erforderliche
Zeit und ihre gegenseitige Abhängigkeit diskutiert.
Zwei spezielle Fragen werden ausführlich behandelt:
Die erforderliche Zeit für Feldstichproben und die Ge-
nauigkeit von Flächenstichproben als Funktion der
Stichprobemethode, der Größe der Stichprobe usw.

Die benötigte Zeit ist vor allem eine Funktion solcher
Faktoren wie Relief, Siedlung, Dichte des Kommunika-
tionsnetzes, Vegetation, Landnutzung und in zweiter
Linie der Zahl der Stichproben. Brassel kommt zu dem
Schluß, daß in einer leicht zugänglichen Fläche 25
Stichprobenpunkte pro Quadratkilometer etwa 100 Minu-
ten erfordern, daß sich diese Zeit jedoch in schwieri-
gem Gebiet verdoppelt.

Als Parameter für den Stichprobenfehler fand er die
Zahl der Stichprobenelemente, die spezielle Stich-
probenmethode und den jeweils untersuchten Bereich.

3. Christ, F. und Johannsen, Th.
Untersuchung der Einsatzmöglichkeit des TR 86 - GRAFIK-
Systems für Korrektur, Aufbereitung und Generalisierung
kartographischer Daten
Sonderbericht des Institutes für Angewandte Geodäsie
-Abteilung Kartographie- Gruppe kartographische For-
schung, Frankfurt/M. (September 1973)

Im Rahmen der Arbeiten des Instituts für Angewandte
Geodäsie sind Untersuchungen zur Manipulation und
Generalisierung topographischer Karten mit Hilfe von
interaktiven Bildschirmen vorgesehen. Diese Untersuchungen sollen Aufschluß über die Eignung vorhandener Bildschirmsysteme und über die einzuschlagenden
Verfahren geben. Für einen ersten Versuch wurde dem
IfAG von der Firma AEG-Telefunken in Konstanz für
kurze Zeit ein komplettes TR 86-GRAFIK-System zur Verfügung gestellt. Dieses System beinhaltet ein groß-
formatiges interaktives Bildschirmgerät SIG 3001 zur
Anzeige und Manipulation graphischer und alphanumeri-
scher Sachverhalte.

Ziel des Versuches war es, Kenntnisse darüber zu erlangen, wie sich einzelne Objekte einer topographischen Karte 1 : 50 000 mittels des TR 86-GRAFIK-
Systems anzeigen, speichern, korrigieren, aufbe-
reiten und für eine kleinmaßstäbige topographische
Übersichtskarte 1 : 200 000 generalisieren lassen.

Insbesondere interessierte die Handlichkeit und Be-
nutzerfreundlichkeit der Hardware und Software des Systems, sowie die Leistungsfähigkeit des Systems bei
der Anzeige und Manipulation der sehr detaillierten und
datenintensiven Objekte der Topographischen Karte
1 : 50 000.

4. Csáti, Ernö
Research Experiences on Automatic Preparation of
Scribed Fair Drawings with Coragraph DC.
(Technical paper presented by E. Csáti. 3rd Carto-
graphic Conference, Bratislava-Czechoslavakia
Aug. - Sept. 1972)

Csáti beschreibt die erste ungarische Herstellung
von Reinzeichnungen von Karten mit mittleren Maßstäben, welche die Anforderungen an die Kartenre-
produktion erfüllt. Ziel des Experiments war die
Herstellung einer Vielfarbenkarte im Maßstab
1 : 100.000 von Karten mit größeren Maßstäben. Der
Verkleinerungsfaktor lag linear bei 4, für die Flächen bei 16. Eine größere Reduktion ist nicht empfeh-
lenswert. Die Reinzeichnungen sind geeignet für
den Druck.

Die automatische Produktion der Zeichnungen und die
Herstellung der Druckplatten sowie der Cut-and-Strip-
Masken erwies sich als sehr teuer. Auf der Basis
der Erfahrungen, die während der automatischen
Produktion der ersten kartographischen Reinzeichnungen mit komplexem Inhalt gewonnen wurden,
können die Fälle bestimmt werden, für die die automatische Kartenproduktion unter dem Gesichtspunkt
der Wirtschaftlichkeit, der Geschwindigkeit und
der Qualität zweckmäßig ist:

1. Wenn Vermessungsdaten direkt umgewandelt werden
   in gespeicherte Informationen und automatisch
   verarbeitet werden.
2. Wenn die gleichen Daten verschiedene Male für
   verschiedene Zwecke verwendet werden.
3. Wenn insbesondere die Herstellungszeit von Bedeutung ist, und der Kostenfaktor vernachlässigt
   werden kann.
4. Während der Entwicklung eines komplexen Karten-
   systems, das sich über das gesamte Land er-

streckt, durch die Digitalisierung aller Grund-
maßstäbe.

Die tabellarisch dargestellten Zeiten für die verschiedenen Arbeiten zeigen ganz offensichtlich,
daß eine beträchtliche Menge des Zeitverbrauchs auf
die fehlende Erfahrung und die ungeeignete Digitalisierung, die von Personen ohne kartographische Erfahrung durchgeführt wurde, zurückzuführen ist. Die
Gesamtkosten könnten um etwa 25 % reduziert werden,
wenn die Operator über kartographische Erfahrung
verfügten.

Die Durchführung des Experiments konzentrierte sich
auf praktische Fragen und ist als der erste Schritt
anzusehen. Die Methoden für die automatische Produktion des Drucks von fertigen Reinzeichnungen muß
außerdem weiterentwickelt werden mit speziellem
Bezug auf neue Symbole, einschließlich einer neuen
Legende, sowohl für lineare als auch für Flächenelemente.

5. Degerstedt, Kjell und Thorsell, C.-U.
   Beschreibung des Programms M 11 (Berechnung und
   Einpassung von dreidimensionalen Koordinatensyste-
   men in ein vorhandenes System gemäß der Methode der
   kleinsten Quadrate in die Programme BESK und TRASK),
   Stockholm, (1962)

Nachdem das Programm und sämtliche Daten in die
Maschine eingegeben worden sind, verbleibt ein ge-
wisser Spielraum im Trommelspeicher zum Lagern von
Normalgleichungen. Unter Berücksichtigung dieses
Spielraumes führt das Programm die Berechnung mit
der größtmöglichen Anzahl Unbekannter in Teilproble-
men durch. Das Programm numeriert die Koordinaten-
systeme in der gleichen Ordnung wie auf dem Lochstreifen, so daß das gegebene System die Nummer O
erhält, die folgenden die Nummern 1, 2, 3 usw.
Wenn der Spielraum z.B. die gleichzeitige Ausglei-

chung von 15 Koordinatensystemen zuläßt, so ist
die Aufteilung 1-15, 16-30, 31-45... usw. Ist eine
bestimmte Stufe erreicht, wird immer an früher berechnete Punkte angeschlossen, die dabei als gegeben
angesehen werden.

6. Denègre, J.   Automatische Generalisierung
"Nachrichten aus dem Karten- und Vermessungswesen",
Reihe I: Originalbeiträge, H. 59 (1972), S.39

Der Autor stellt heraus, was die Automation zur Kartographie im allgemeinen beitragen kann. Sie ent-
lastet diese nicht von zeitraubenden Aufgaben (wovon die Generalisierung zum Teil ein häufig zitier-
tes Beispiel ist), und bringt ein Element der
Objektivität hinein, die der manuellen Arbeit des
Kartographen vermutlich fehlt.

Aus den drei Phasen der Generalisierung (Auswahl,
Schematisierung, Harmonisierung) können allgemeine
Regeln abgeleitet werden, aber es gibt dabei
zahlreiche Ausnahmen.Eine der Hauptursachen dieser
Ausnahmen ist zweifellos der durch die karto-
graphische Umgebung auferlegte Zwang, der zur Aus-
lassung einiger wichtiger Einzelheiten von absolutem
Wert, aber unbedeutendem relativen Wert führt.

Ganz allgemein zeigt der Autor, daß es bei den drei-
Phasen der Generalisierung die kartographischen Elemente der Orographie und der Hydrographie sind,
die am wenigsten von Ausnahmen betroffen sind. Es
werden zwei Beispiele genannt: Generalisierung
von Höhenlinien, Generalisierung einer Küstenlinie.
Die Algorithmen der Auswahl werfen kaum Probleme
auf, die Algorithmen der Schematisierung (oder
Glättung, für die Höhenlinien) sind komplexer. Einige Algorithmen erfordern die Berechnung eines
numerischen Geländemodells, die nach allgemeiner
Ansicht noch immer ein recht aufwendiger Arbeitsgang
hinsichtlich der Zeit im Computer bedeutet. Der Autor

schlägt vor, die Höhenlinien als autonome geometri-
sche Elemente zu behandeln und benutzt ein Verfahren,
bei dem die sekundären Sinuositäten eliminiert und
die charakteristischen Punkte des Reliefs lagegenau
beibehalten werden.

7. Dorigó ,Guido   Die Solifluktionsuntergrenze in den Alpen.
                     "Geographica Helvetica", (1971), 26/3, S. 140 - 141

Eine wichtige geoökologische Grenze ist die untere
Grenze der Solifluktion, weil sie dazu beiträgt,
die Zone des Hochgebirges abzugrenzen. Die Bestimmung
der Solifluktionsgrenze ist nicht ohne Schwierigkeiten (Bestimmungsparameter, Probleme der Zufalls-
prüfung). In diesem Modell wird die untere Grenze
mit Hilfe der senkrechten Verteilung der Solifluktionsformen einiger Regionen bestimmt. Es
werden also die berechneten Punkte der unteren
Solifluktionsgrenze nach den Gesichtspunkten
der Höhe und ihrer Lage festgelegt. Mit Hilfe einer
statistischen Generalisierung (Regressionsanalyse)
wird die untere Grenze der Solifluktion für die
gesamte Region der Schweizer Alpen berechnet.

8. Douglas, David H.
                     VIEWBLOK: A Computer Program for Constructing
                     View Block Diagrams
                     "La Revue de Géographie de Montréal", Vol.26
                     (1972), S. 102 - 104

Zeichnungen in einem rechtwinkligen Koordinatensystem haben zwei Vorteile: Sie können leichter
konstruiert werden als kompliziertere Projektionen
und sind maßstabsgetreu. Im nichttechnischen Bereich spielen sie jedoch eine weniger große Rolle,
da sie weniger Möglichkeiten für die Mitteilung
von Informationen über Flächen und Strukturen
beinhalten.
Kartographen stehen vor dem Problem, komplexe
Flächen und Strukturen auf zweidimensionalen Flächen

darstellen zu müssen. Obwohl die perspektivische
Darstellung z.B. in der Topographie schon lange
bekannt ist, können die meisten Karten als zweidimensionale Zeichnungen betrachtet werden. Insbesondere deshalb, weil die Ausführung von perspektivischen Diagrammen eine hohe Zeichenfähigkeit
und viel Zeit für die Berechnung und Messung erfordern. Erst die Kombination von Computer und
Zeichenmaschine erlaubt es, Perspektivzeichnungen
schnell, effizient und billig zu produzieren.

Das Programm VIEWBLOK wendet Linienzeichnungen
vertikaler Profile an, die als Schnittlinien einer
Serie paralleler, senkrechter Flächen mit der
Oberfläche entstehen. Über die Oberfläche wird praktisch ein aus Quadratrastern bestehendes Netz
gelegt, das der sichtbare Teil einer Serie von
senkrechten und zueinander im rechten Winkel stehenden Ebenen ist und die Oberfläche schneidet.

Nach Angaben des Benutzers kann eine perspektivisch
dargestellte Fläche als von verschiedenen Punkten
aus gesehen dargestellt werden. Das Koordinatensystem kann gedreht werden, Maßstäbe können ver-
ändert werden. Die von einem bestimmten Standpunkt
aus nicht sichtbaren Linien werden auch in der
Zeichnung unterdrückt.

9. Eckhart, E.
Het automatische tekensysteem Profit
"Geografisch Tijdschrift 2" (1968) S. 480-483
(Das automatische Zeichensystem PROFIT)

Am Internationalen Institut für Luftkartierung
und Bodenkunde (ITC) in Delft wird seit geraumer
Zeit versucht, ein Zeichensystem mit dem Namen
PROFIT (Pencil-follower Recording of Field-sketches
including Typesetting) zu entwickeln. In Zusammenarbeit mit dem Geometrischen Dienst der Reichs-
wasserbehörde ist mit der Realisierung begonnen
worden. Als Hilfsmittel stehen ein Rechenautomat
Stantec-Zebra von ITC, ein damit on-line verbun-

dener Calcomp 506 von MD und außerdem ein D-mac-
Pencil-Follower zur Verfügung.

Mit Hilfe des Zeichensystems PROFIT sollen aus
Geländevermessungsdaten auf einem Calcomp-Trommel-
plotter Karten gezeichnet werden.

10. Gottschalk, Hans-Jörg
Versuche zur Definition des Informationsgehaltes
gekrümmter kartographischer Linienelemente und
zur Generalisierung,"Zeitschrift für Vermessungswesen", Jg. 11 (1972), H. 10, S.476-477

Der Autor befaßt sich mit dem Problem der Datenreduktion, das besonders beim Digitalisieren von
kartographischen Linienelementen im "Linienver-
folgungsmodus" für den Speicherplatzbedarf der
Daten von großer Bedeutung ist. Zur weiteren digitalen Verarbeitung können gekrümmte kartographische Linien - z.B. Höhenlinien durch umfassende
Analysen stückweise in Fourier- oder Potenzreihen
entwickelt werden. Die Speicherung der gefundenen
Koeffizienten würde eine Rekonstruktion der jeweiligen Linienelemente durch Berechnung einer sehr
dichten Punktfolge und eine geradlinige Verbindung
der differentiellen Wegstücke ermöglichen.

11. Harbeck, R.
Über einen Versuch zur automatischen Zeichnung der
Topographischen Karte 1 : 25 000
"Nachrichten aus dem Karten- und Vermessungswesen",
Reihe I: H. 55 (1972) S. 11-26 Originalbeiträge

Es wird über Voraussetzungen, Automationssystem und
Ergebnisse eines Versuchs berichtet, der beim
Landesvermessungsamt Nordrhein-Westfalen zur
automatischen Zeichnung der Topographischen Karte
1 : 25 000 unternommen wurde. Dabei wird ein
46 x 26 cm großer automatisch gezeichneter, drei-
farbiger Ausschnitt des Versuchsblattes zur Diskussion gestellt. Außerdem werden Bemerkungen
zu automationsgerechten Kartenzeichen sowie arbeits-

statistische und Wirtschaftlichkeitsangaben gemacht.

12. Harbeck, Rudolf Zur Automation in der topographischen Kartographie.
"Nachrichten aus dem öffentlichen Vermessungsdienst
Nordrhein-Westfalen". Jg. 4 (Juni 1971), H. 3,
S. 143-149

Der vom Verfasser automatisch gezeichnete Karten-
ausschnitt ist das Produkt eines teils manuellen,
teils durch Datenerfassungs- und -verarbeitungs-
anlagen automatisierten Arbeitsverfahrens. Das
Automationssystem benutzt vergleichsweise einfache
technische Anlagen und zum Teil vorhandene Programme. Der erste Versuch führte zu einem in technischer Hinsicht ermutigenden Ergebnis, das wertvolle Ansätze zu weiterer Entwicklung zeigt. Auf-
getretene Mängel, wie nichtstetige Kurvenverläufe,
lassen sich durch weitere Versuche zum sinnvollen,
gegenseitig abgewogenen Wirken von Digitalisierungs-
vorgängen und Kurveninterpolationen bewältigen. Andere Erscheinungen (Straßenüberschneidungen, Hausum-
risse), die nicht sehr umfangreiche manuelle Nach-
arbeitungen erfordern, müssen vielleicht vorerst im
Interesse der Wirtschaftlichkeit bei fehlender
Software und mangelndem Speicherplatz in Kauf
genommen werden.

13. Hawlitzeck, Eckhard
Numerisch gesteuerte Koordinatographen in der
Kartographie, "Kartographische Nachrichten",
Jg. 19 (1969), H. 5, S. 171 - 180

Die in jüngster Zeit stark in den Vordergrund
drängende Datenverarbeitung eröffnet neue Möglichkeiten auf dem Gebiet der Kartographie. Die
Vermessungs- und Bauämter arbeiten immer intensiver
mit Rechenzentren zusammen. Jeder Grenzpunkt eines
Grundstückes wird koordinatenmäßig archiviert;
jeder Abschnittspunkt einer neu errechneten Straßen-
trasse wird auf Magnetband gespeichert. Die automatisierte graphische Darstellung bietet sich ge-

radezu als Schlüssel für die moderne Kartographie
an. Das vorhandene Datenmaterial kann auf numerisch
gesteuerten Koordinatographen mit äußerster Genauigkeit und hoher Zeichengeschwindigkeit aufgetragen
werden. Der erste lochstreifengesteuerte Koordinatograph war in der Lage, diskrete Positionen anzufah-
ren.

Über zusätzliche Arbeitsbefehle konnte der Zeichenstift gesenkt und gehoben werden. Damit war der
angefahrene Punkt markiert. Von dieser Punkt-
steuerung ging die Entwicklung weiter bis zu der
heute üblichen Bahnsteuerung, bei der das Zeichen-
werkzeug auf einer frei definierten Bahn kontinuierlich geführt wird. Dieses Verfahren findet bei der
Glas- und Foliengravur in der Kartographie Verwendung.

14. Heupel, A.   Automation in der topographischen Kartographie.
Grundsatzfragen der Kartographie, Wien (1970), S.132
- 139
In den letzten Jahren ist eine ständig zunehmende
Rationalisierung der Kartenherstellung festzustel-
len. Das Hauptaugenmerk liegt vor allem im siche-
ren Ablauf der verschiedenen Arbeitsprozesse.
Trotz größter Bemühungen ist es selbst in einem
kartographisch so vorzüglich erschlossenen Land
wie Deutschland nur schwer möglich, die von der
Allgemeinheit geforderten Karten in ausreichendem
Maße herzustellen und fortzuführen. Mit der fort-
schreitenden Entwicklung der elektronischen Datenverarbeitungsanlagen tritt die Möglichkeit des Einsatzes der Automaten in den Bereich des Realisier-
baren. In diesem Zusammenhang ist das Konzept für
die Inhaltsgestaltung und die graphischen Formen
zu überdenken. Es muß eindeutig Stellung bezogen
werden, was in die Karte hinein soll und welche
Aufgaben sie zu erfüllen hat. Jede gedankliche
Unkorrektheit würde in der Karte sichtbar werden.

15. Jenks, George F.; Caspall, Fred C.
      Error on Choroplethic Maps: Definition, Measurement,
      Reduction,"Annals of the Association of American
      Geographers", Vol. 61 (Juni 1971), Nr. 2, pp.
      217 - 244

      Die Verfasser beschäftigen sich mit dem Auftreten
      von Fehlern in Choroplethenkarten und diskutieren
      den Zusammenhang von Fehlern infolge Generali-
      sierung, Grad der Komplexität und der Informations-
      menge. Der Einfluß der Klassenbildung bei den zu
      kartierenden Informationen wird ebenfalls unter-
      sucht. Die Autoren unternehmen den Versuch, das
      "Optimum" zwischen Komplexität und Genauigkeit/
      Informationsmenge zu bestimmen.

16. Kadmon, Naftali
      Automated Selection of Settlements in Map
      Generalisation,"The Cartographic Journal",
      Vol. 9 (1972), pp. 93-98

      Auf dem Gebiet der automatischen Kartographie
      kommt kartographischen Datenbanken und den in
      ihnen gespeicherten "Siedlungen" eine große Be-
      deutung zu. Da für die Aufnahme in eine Karte je
      nach Maßstab nur eine gewisse Zahl aller Sied-
      lungen in Frage kommt, stellt sich somit ein Se-
      lektionsproblem.

      Kadmon beschreibt ein einfaches, computerunter-
      stütztes Verfahren, das diese Selektion durch-
      führt (GEOGEN). Obwohl GEOGEN direkt Karten bzw.
      Kartenserien zeichnet, ist es nicht in erster
      Linie ein graphisches Programm. Seine Hauptauf-
      gabe ist die Auswahl von Siedlungen, die in eine
      Karte aufgenommen werden sollen.

      Grundlage des Selektionsverfahrens ist eine Funk-
      tionsklassifizierung und Hierarchie der Siedlun-
      gen, woraus eine Rangmatrix abgeleitet wird. Sta-
      tistische und andere Daten stellen die Grundlage
      für die Bildung der Rangzahlen dar.

In einem Datensatz werden jeder Siedlung die nationalen Koordinaten, der Siedlungsname und die entsprechenden Rangzahlen zugewiesen.

Nach Angabe eines Generalisierungsfaktors werden die ausgewählten Siedlungen in einer Liste ausgedruckt und gleichzeitig wird auf dem Plotter die Karte gezeichnet. Das Überdrucken der Siedlungsnamen kann eliminiert werden.

Das Programm ist in FORTRAN IV geschrieben. Die Zeichnungen werden auf einem Trommelplotter angefertigt. Das Programm GEOGEN wurde als Teil eines automatischen Atlas-Kartographie-Systems entwickelt, das in jedem Falle die Umwandlung der Computerkarten in Vorlagen für den anschließenden drucktechnischen Prozeß vornimmt.

17. Köhli, Siegfried
Zur Digitalen Speicherung und Archivierung grafischer Darstellungen,"Rechentechnik, Datenverarbeitung", 7. Jg. (April 1970), H. 4, S.41-44

Der Verfasser weist darauf hin, daß die technischen Neuentwicklungen auf dem Gebiet der Peripherie elektronischer Datenverarbeitungsanlagen bereits zu einer Teilautomatisierung von Zeichen- und Konstruktionsarbeiten geführt haben.

Charakteristisch für den gegenwärtigen Entwicklungsstand ist, daß die vorhandenen technischen Entwicklungen bereits eine ausreichende Genauigkeit und auch schon relativ niedrige Kosten aufweisen; aber nicht als geschlossenes System im Sinne eines integrierten Datenverarbeitungssystems für wissenschaftlich-technische Probleme - als Teilsystem eines integrierten Systems automatisierter Informationsverarbeitung (ISAIV)- genutzt werden.

Die vorhandenen Anwendungen beziehen sich meist
auf einzelne Probleme. Es ist jedoch notwendig, in
Fertigungsbetrieben zu einem geschlossenen bzw.
integrierten Arbeitsablauf von der Bedarfsermittlung
und Planung über die Konstruktion und Projektierung -
bei Vermeidung von Doppelarbeiten und unter weit-
gehender Nachnutzung vorhandener Ergebnisse - sowie
zu einer optimalen technischen Arbeitsvorbereitung
und Fertigung bei Einbeziehung der EDV zu gelangen.
Dazu ist es erforderlich, ein komplexes organi-
satorisches Konzept zu entwickeln, das u.a. die
rationelle Konstruktion und Projektierung mit
Hilfe der EDV einschließlich aller dazugehörigen
Peripheriegeräte gestattet. Die bisherige Organisation bei der Anwendung der EDV für Konstruktions-
zwecke geht noch von der Lösung einzelner Konstruk-
tionsaufgaben aus.

18. Koeman ,C. und van der Weiden, F.L.T.
    The Application of Computation and Automatic
    Drawing Instruments to Structural Generalisation
    "The Cartographic Journal", Vol. 7 (June 1970), pp.
    47-49

Die Verfasser geben einen Bericht über eine Serie
von Experimenten über die Generalisierung mit Hilfe des Computers, in denen die Umrißlinien der
Niederlande im Maßstab 1 : 25.000 zur Erzeugung
einer Serie von Generalisierungen im Maßstab 1 :
600.000 bis 1 : 3.500.000 verwendet wurde. Acht
Beispiele wurden angefertigt. Sechs von ihnen
vergleichen die automatische Generalisierung mit
einer des "Atlas der Niederlande". Die beiden
anderen vergleichen die automatische Generalisierung
unter Verwendung aller digitalisierten Koordinaten
mit jener, die von der Verwendung der Hauptwerte
der fortlaufenden Koordinaten abgeleitet ist.

Das Experiment zeigt, daß die automatische Generalisierung unter bestimmten Bedingungen gute
Ergebnisse liefern kann. Die einzelnen Bedingungen,

Genauigkeitsergebnisse usw. werden ausführlich
diskutiert.

Das Experiment erbrachte folgende Vorteile: Sehr
schnelle Produktion, d.h. große Zeitersparnis, eine
Qualität, die durch manuelles Zeichnen nicht er-
reicht werden kann, eine einfache Berechnung des
Mittels der Koordinaten, welches proportional dem
Skalierungsfaktor ist.

19. Lantmäteristyrelsen Datacentralen
        IDAK
        Preliminär beskrivning av programsystemet IDAK
        (Integrerad databehandling av geodetiska Detaljmät-
        ningar och automatisk Kartering)
        Stockholm, 1969. (IDAK-Vorläufige Beschreibung
        des Programmsystems IDAK-Integrierte Datenverar-
        beitung bei geodätischen Detailmessungen und
        automatischer Kartierung)

Das System ist in ALGOL für eine GIER-Anlage
und den numerisch gesteuerten Koordinatographen
Kingmatic Mark II geschrieben. Die Input-Daten
werden nach Telex-, Flexonsiter- oder SAAB-
Konventionen auf Lochstreifen geschrieben. Die
Ergebnisse und übrigen Ausgaben werden normalerweise auf dem Schnelldrucker ausgegeben, sie können aber auch für die Übertragung durch das
Fernschreibnetz auf Lochstreifen geschrieben werden.

20. Oest, Kurt   Versuche zur Typisierung und Abgrenzung von Prob-
        lemgebieten mit Hilfe der elektronischen Daten-
        verarbeitung (EDV)
        "Forschungs- und Sitzungsberichte der Akademie
        für Raumforschung und Landesplanung", Bd. 86, The-
        matische Kartographie 3 (1973), S. 131-142

Mit Typisierungs- und Abgrenzungsproblemen beschäftigen sich - in letzter Zeit verstärkt -
zahlreiche Verwaltungs- und Planungsstellen, vor
allem Raumordnungs- und Landesplanungsinstitutio-
nen. Beispiele hierfür sind die Festlegung von Ge-

meindetypen, Landschaftstypen, Bodentypen, Klima-
typen oder die Abgrenzung von Problemgebieten.
Die Problematik der Methoden zur Typenfindung
ist in der Literatur wiederholt behandelt worden,
wie beispielsweise von WITT und SCHNEPPE. Teilweise wird dringend gefordert, sich bei diesen
Methoden in stärkerem Maße als bisher mathema-
tisch-statistischer Verfahren zu bedienen. Auf
die Möglichkeiten des Einsatzes der EDV in diesem
Forschungsbereich ist dagegen nur vereinzelt
hingewiesen worden. Es wird versucht, die hiermit angedeutete Lücke teilweise zu schließen,
zum anderen der von SCHNEPPE angedeuteten "Ver-
wirrung" z.B. auf dem Gebiet der Gemeinde-
typisierung entgegenzuwirken und zur Objektivierung
der Typisierung beizutragen. Außerdem wird der
Versuch unternommen, Lösungsansätze für die
Fertigung von Typen- und Synthesekarten, in
denen eine größere Anzahl von Einzelkarten
integriert ist, aufzuzeigen. Dabei werden den
praktischen Beispielen einige theoretische
Überlegungen vorangestellt.

21. Olsson, Annaliisa
A Spatial Information System. A Pilot Study. Pro-
grams for Coordinate Processing. KOSP - Retrieval,
PYTOM - Calculation of Areas and Circumferences,
RITA 1 - Plotting
Central Board for Real Estate Data, Sundbyberg,
Sweden. FRIS C: 3, May, 1971

In dieser Abhandlung werden drei verschiedene
Programme vorgestellt, die für die Berechnung
und Zeichnung von Flächen eine Koordinatendatei
verwende . Die Koordinatendatei enthält gespeicherte Koordinaten für Punkte, Segmente und Polygone.
Jeder Datensatz der Koordinatendatei enthält
ein Koordinatenpaar mit einer entsprechenden
Identifikation. Datensätze der gleichen Figur

haben die gleiche Indentifikation.

Das Programm KOSP ermöglicht das Wiederauffinden
einer Figur mit einem gewissen Registrierungstyp
innerhalb einer geographischen Fläche, die mit
Hilfe eines Polygons definiert wurde.

Das Programm PYTOM berechnet Flächen und Umkreise
für willkürliche Polygone und das Programm RITA 1
zeichnet die koordinatengespeicherten Figuren und
Texte. Das Zeichnen wird ausgeführt mit einem
Mikrofilmplotter (CALCOMP 835). Es ist möglich,
verschiedene Bilder von gewählten Teilflächen zu
zeichnen mit variierendem Maßstab für ein und
den gleichen Typ der Registrierung. Außerdem kann
ein Text eingezeichnet werden.

Diese drei Programme können in einer Verfahrens-
kette zusammen verwendet werden,um zum Beispiel
Karten von Polygongrenzen mit den entsprechenden
Werten für diese Fläche zu zeichnen.

22. Ottoson, Lars   Experimental Topographic Map Drafting Using
Numerically Controlled Methods
Communication to 6th International Cartographic Asso-
ciation Conference, 1972; Meddelande Nr D 14,
Stockholm 1972

Der Bericht behandelt ein Experiment der topographischen Kartenzeichnung mit der Kingmatic
MK III, einem numerisch gesteuerten Zeichengerät,
das beim Geographischen Vermessungsbüro von
Schweden installiert ist. Damit wurde ein Teil einer topographischen Vierfarbenkarte im Maßstab 1 :
50.000 auf der Grundlage einer Druckvorlage hergestellt, die im Maßstab 1 : 10.000 digitalisiert
wurde. Eingangs wird das Digitalisieren beschrieben. Einige der in dem Experiment verwendeten
Software-Details werden diskutiert. Eine kurze
technische Beschreibung des Zeichensystems wird
ebenso gegeben wie die Erfahrung über die Herstellung der Farbauszüge. Die Karte wird als
Vierfarbenkarte zusammen mit der amtlichen Version

der gleichen Fläche gezeigt.

Das Ergebnis des Experiments hat das Geographische Vermessungsbüro ermutigt, weitere Studien
im Bereich der Automation der Kartenherstellung
durchzuführen.

23. Ottoson, Lars; Tönnby, Ingmar
    Numerically Controlled Draughting of Reference
    Grids for Cartographic Purposes
    "Rikets Allmänna Kartverk", Meddelande Nr. D 18.
    Stockholm 1973

    Das geographische Vermessungsbüro von Schweden
    verwendet zur Herstellung von Kontrollbändern
    für das"Ritzen"von Bezugsnetzen für die amtlichen
    Karten Schwedens mit Hilfe numerisch gesteuerter
    Zeichenmaschinen ein Programmsystem namens GRID.
    Diese Programme erlauben das Zeichnen von Be-
    zugsnetzen, Kartenrahmen und Kartenübersichts-
    blättern in sehr verschiedener Form. Auch die
    zur Bezeichnung der Koordinatenwerte erforderlichen
    Ziffern können gezeichnet werden. Die Abhandlung
    gibt Beispiele für Kartenelemente, die durch diese
    Programme erzeugt werden können. Wirtschaftlich-
    keitsbetrachtungen und Vergleiche zur herkömm-
    lichen Methode der Kartenherstellung sowie tech-
    nische Angaben über die verwendeten Geräte und
    den Dateninput werden ebenfalls gegeben.

24. Rosenfeld, A. and Pfaltz, J.L.
    Sequential Operations in Digital Picture Processing
    "Journal of the Association for Computer Machinery",
    Vol. 13 (1966), pp. 471-494

    Ein digitalisiertes Bild wird als endliches, recht-
    eckiges Feld von Punkten betrachtet, wobei jeder
    Punkt durch Angabe der Spalte und Zeile lokali-
    siert werden kann (m x n - Matrix).

Bei Operationen in digitalisierten Bildern (z.B.
Verschiebungen) werden diese Matrizen umgewandelt.

25. Thorsell, C.-U.

Übersicht über die Computerprogramme für vermessungstechnische Berechnungen des Schwedischen
Landesvermessungsamtes; (Stockholm), 1971
(als Msk. vervielfältigt)

Der Verfasser berichtet über die Leistungen und

Voraussetzungen folgender verfügbarer Programme:

1. Dreiecksnetz- und Polygonnetzberechnungen

    1.1 Kombinierte Dreiecks- und Trilaterations-
    netze

    1.2 Polygonnetze

    1.3 Nivellementsnetze

    1.4 Fotogrammetrische Modelltriangulation
    in Blöcken

    1.5 Simulierung von Dreiecksnetzen

    1.6 Umrechnung von einem Projektionssystem
    in ein anderes

2. Stückvermessung

    Koordinatenberechnung, Absteckungsberech-
    nung und Flächenberechnung, sowie
    Kartierung u.a.

3. Waldbewertung

4. Wegenetzkalkulation

5. Ungefähre Kosten

26. Töpfer, F.

Gesetzmäßige Generalisierung und Kartengestaltung
"Vermessungstechnik", 15. Jg. (1967), H.2, S.65-71

Theorie und Praxis der gesetzmäßigen Generalisierung und Kartengestaltung werden u.a.anBeispie-
len aus der thematischen Kartographie dargestellt.

Auf dem Gebiet der gesetzmäßigen Generalisierung
sind in den letzten 8 Jahren in der DDR große
Fortschritte erzielt worden. Grundlagen und
Arbeitsmethoden wurden erforscht, ausgearbeitet
und mit Erfolg angewendet. Zugleich sind damit
Voraussetzungen für die zukünftige Automatisierung
der Kartenherstellung geschaffen worden.

27. Warntz, William

Laboratory for Computer Graphics and Spatial
Analysis
Graduate School of Design. Harvard University,
Cambridge, 1970

Die Veröffentlichung gibt einen Abriß über Aufgaben
und Leistungen des Laboratory for Computer Graphics
and Spatial Analysis seit seiner Gründung im
Jahre 1965. Es ist eine Selbstdarstellung und
eine Beschreibung des Selbstverständnisses. Ausgewählte Projekte des "laboratory" werden vorgestellt

28. Wolfendale, P.C.F.

Machine Accuracies in Automatic Cartography
"The Cartographic Journal", Vol. 4 (1967),S.24-26
Die Art und Weise von Zufallsfehlern, Maschinen-
fehlern und Ausführungsgenauigkeiten werden erläutert und zu den Genauigkeitsanforderungen des
automatischen Zeichnens und Entwerfens in Beziehung gesetzt. Die Bedeutung mangelnden Zusammen-
hangs bei der Zeichenarbeit wird betont, wobei
auf die Unterscheidung zwischen planimetrischer
Genauigkeit und "ästhetischer" Genauigkeit hingewiesen wird.